STEINGARTENPFLANZEN

Steingarten-pflanzen

Text von Vlasta Vodičková

Illustrationen von Jiřina Kaplická

Werner Dausien • Hanau

Steingartenpflanzen

Text von Dr. Vlasta Vodičková
Illustrationen von Jiřina Kaplická
Ins Deutsche übertragen von Günter Brehmer
Graphische Gestaltung von František Prokeš

VERLAG WERNER DAUSIEN • HANAU/MAIN
ISBN 3-7684-2357-3
3/15/10/52-01

Inhalt

Der Steingarten — ein Garten für Liebhaber

Der Steingartenliebhaber kennt keine Langeweile. Vom zeitigen Frühjahr bis in den Winter hinein gibt es in seinem Garten zu tun. Im Winter studiert er Fachliteratur, er möchte doch über seine Schützlinge so viel wie möglich erfahren. Unser Gartenfreund vervollständigt die Kartei, wozu im Sommer keine Zeit blieb, überlegt, wie er jene Steingartenpartien, die noch nicht seinen Vorstellungen entsprechen, weiter verbessern kann. Und ehe er sich's versieht, ist der Frühling da, von den ersten Blüten begrüßt.

Im Frühjahr stellen wir mit Sorge fest, wie die heikleren Arten den diesjährigen Winter überstanden haben, welche Schäden Mäuse, Maulwürfe, Kaninchen, Fasane und andere ungebetene Gäste angerichtet haben. Ungeduldig erwarten wir die Knospenfülle der ersten Frühlingsblüher. Im Sommer überlegen wir dann bereits, wohin wir die Zwiebeln der neuen Wildtulpen, Narzissen oder Blausterne setzen, welche Koniferen oder Laubgehölze wir noch beschaffen müssen, um die bestehenden Lücken im Steingarten und seiner Umgebung aufzufüllen. Im Herbst pflanzen wir die neuen Zwiebeln aus und stellen uns bereits die herrliche Blütenpracht vor, mit der uns all diese Pflanzen im Frühjahr erfreuen werden.

Der Steingarten ist ein wirklich schönes Hobby. Wer sich ihm einmal verschrieben hat, kommt nicht mehr davon los. Seine Wege führen ihn durch einen seltsamen Zufall immer wieder an einem Blumengeschäft vorüber. Und schon bringt er wieder neue Exemplare mit; genauso endet der Besuch bei seinem Hobbyfreund. Bald muß unser Gartenliebhaber feststellen, daß seine Anlage viel zu klein ist, und er keinen Platz mehr findet, den er für die Neueingänge unbedingt benötigt. Und so kommt er zu dem Schluß, daß er seinen Steingarten erweitern müsse.

Die Arbeit im Steingarten ist schöpferisch, immer wieder gibt es etwas zu verbessern, zu ändern oder neu zu gestalten. Der Wunsch, die erträumten Vorstellungen mehr und mehr zu verwirklichen, gehört zu den schönsten und wesentlichsten Zügen des Steingartenliebhabers.

Was wir zur Anlage des Steingartens benötigen

Nach Möglichkeit verwenden wir Steine aus der näheren Umgebung, am besten verwitterte und gut bemooste. Frischgebrochenes Gestein ist ungeeignet, es würde unnatürlich wirken. Ein Steingarten soll keine geologische Schauanlage sein, wir verwenden daher möglichst Steine nur einer Art. Steht uns eine größere Fläche zur Verfügung, verwenden wir z. B. Gneis oder Granit, können uns eventuell aber noch eine selbständige Partie etwa aus Travertin anlegen. Travertin ist ein poröses Gestein mit basischer Reaktion, auf dem z. B. die zu den schönsten Steingartenbewohnern zählenden Steinbreche ausgezeichnet gedeihen. Dies gilt auch für einige Arten der Büschelglocke. Ebenfalls poröser Struktur ist der Sandstein, der sehr gut die Nässe aufsaugt und staut. Je nach dem in ihm enthaltenen Bindemittel besitzt der Sandstein saure oder basische Reaktion. Sandstein oder Travertin als Baumaterial sind für Anfänger allerdings nur bedingt zu empfehlen.

Zu den wichtigsten Baumaterialien für unseren Steingarten gehört Schotter, ob nun Kalkstein-, Gneis-, Granitschotter oder Schotter anderen Ursprungs. Er sichert uns den so nötigen Wasserabzug. Feinen Schotter häufen wir auch um die Wurzelhälse einiger Arten, um sie so vor zu großer Nässe zu schützen. Schotter dient auch als Grundmaterial für die beliebte Geröllhalde. Ein weiterer wichtiger Rohstoff ist Sand, den wir vor allem schweren, tonhaltigen Böden beimengen. Zum Verbessern dieser Böden eignet sich scharfer Flußsand ohne Tonbestandteile. In größeren Mengen geben wir ihn unter diejenigen Arten, die mageren und sandigen Boden lieben, wie z. B. das Felsenblümchen *(Draba)*.

Stets sollten uns verschiedene Erden zur Verfügung stehen, wie etwa Rasenerde, Lauberde, Heideerde oder Buchenlauberde. Ebenso wichtig sind Torf, Torfmoos (Sphagnum) und Kiefernstreu. Die Grundmischung, in die wir die Pflanzen setzen, ist die Rasenerde, der wir je nach den speziellen Anforderungen der einzelnen Arten die obengenannten Komponenten beigeben.

Die Umgebung des Steingartens und die Auswahl des Standortes

Es ist durchaus nicht notwendig, eine große Fläche einzuplanen. Selbst im kleinsten Steingarten läßt sich eine beachtliche Zahl von Pflanzen unterbringen. Wichtig ist eine luftige und sonnige Lage an einem Ort, der es zuläßt, unsere Anlage auch einmal aus einer gewissen Entfernung zu betrachten. In der Nachbarschaft nimmt sich ein gepflegter Rasen sehr gut aus, den wir noch mit zwei oder drei größeren Felsblöcken und einer auffälligen Solitärpflanze beleben können, etwa ein Nadel- oder Laubgehölz, aber auch eine hochwüchsige Staude, z. B. die Steppenkerze *(Eremurus)*, Pampasgras *(Cortaderia)*, eine

Königskerze *(Verbascum)* u. ä. Auch der Hintergrund ist von Wichtigkeit. Sehr schön macht sich eine Wand aus dunkelgrünen Koniferen, zum Beispiel Eiben, von der sich der Steingarten wirkungsvoll abhebt.

Für die Errichtung eines Steingartens ist eine Hanglage besonders geeignet, aber auch im flachen Gelände kann man zu einer schönen Anlage gelangen.

Neben den das natürliche Vorbild so weit als möglich nachahmenden Natursteingärten kennen wir noch die sogenannten architektonischen Steingärten, die besonders für moderne Villen und Einfamilienhäuser geeignet sind. Mittelpunkt einer solchen Anlage ist meist eine Trockenmauer, über die noch zu sprechen sein wird.

Da jedem Anfänger Fehler unterlaufen, sollte er sich mit der einschlägigen Literatur beschäftigen und mehrere schon fortgeschrittene Steingartenliebhaber und ihre Gärten besuchen. Er erhält so nicht nur einen gewissen Überblick, sondern gewinnt auch Anregungen für seinen zukünftigen Steingarten.

Der Bau des Steingartens

Nachdem wir uns für Standort und Grundriß entschieden haben, beginnen wir mit dem eigentlichen Aufbau. Zunächst entfernen wir auf der vorgesehenen Fläche den Rasen und merzen so weit wie möglich jegliches Unkraut aus, das uns sonst später große Schwierigkeiten bereiten würde. Wir wählen für den Steingarten wennmöglich Ost-, Nordost- oder Südostlage, da diese für die meisten Gebirgspflanzen die günstigsten sind. Bei direkter Süd- oder Westlage gedeihen nur wenige Arten gut.

Auf die für den Steingarten bestimmte Fläche bringen wir jetzt Bauschutt, grobe Schlacke und Schotter als Dränageschicht, denn die Mehrheit der Hochgebirgsarten muß gegen Staunässe geschützt werden. Bei Lehmböden mit häufig stehendem Wasser ist eine wesentlich stärkere (mindestens 50 cm) Dränageschicht erforderlich als bei gut durchlässigen Böden. Auf diese Schotterlage fahren wir ungedüngte Erde, am besten Rasenerde, der Sand, Torf und Lauberde beigemengt sind. In zu nährstoffreiche Erde gepflanzt, würden die meist sehr anspruchslosen Alpenpflanzen entweder keine Blüten bringen oder in die Höhe schießen und so ihren Hochgebirgscharakter verlieren.

Haben wir eine größere Anlage geplant, müssen wir uns schon im voraus überlegen, wo Wege und gegebenenfalls Treppen angelegt werden sollen. Bereits jetzt setzen wir hierfür die Grundsteine. Wir gliedern den Unterbau deshalb in Täler, kleine Flächen, Abhänge,

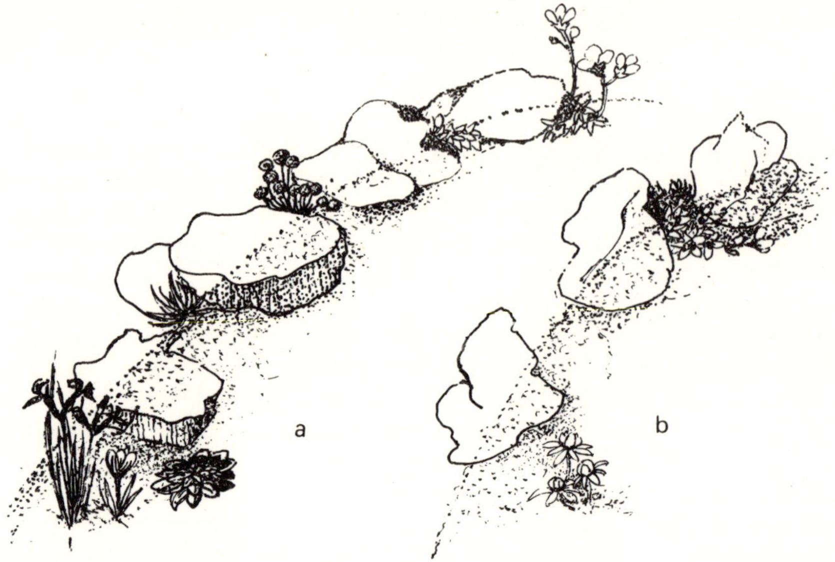

1) Einbettung der Steine — richtig (a) und falsch (b)

Kuppen usw. In unserem Steingarten sollten stark besonnte Partien ebenso vertreten sein wie halbschattige und schattige Plätze. Dies gibt uns die Möglichkeit, Hochgebirgsarten mit den unterschiedlichsten ökologischen Ansprüchen zu ziehen.

In den so vorbereiteten Unterbau setzen wir die Steine. Sie werden ziemlich tief in die Erde eingelassen, so daß nur ihr kleinerer Teil sichtbar bleibt und der Eindruck eines aus dem Erdreich ragenden gewachsenen Felsens entsteht. Niemals stellen wir die Steine auf ihre hohe Kante! Wir beginnen am Fuße und gelangen so schrittweise bis zum Kamm der Anlage. Am Hang wie auch in der Ebene entstehen unregelmäßige Felder. Jegliche Gleichmäßigkeit würde störend wirken und daher vermeiden wir es, gleichgroße Steine zu verwenden oder sie in regelmäßigen Reihen zu verlegen. Große Steine verbauen wir so, wie wir sie in der Natur vorgefunden haben. Der Steingarten sollte schon vor der Bepflanzung gefällig wirken.

Mit der Bepflanzung des Steingartens warten wir eine gewisse Zeit, ein Jahr oder doch wenigstens den Winter über. Der Boden kann sich so setzen und auch das noch in der Erde verbliebene Unkraut kommt zum Vorschein und kann ausgerottet werden. Anschließend füllen wir die Flächen zwischen den Steinen wieder auf und können mit dem Pflanzen beginnen.

Auswahl der Steingartenpflanzen

Es braucht wohl nicht betont zu werden, daß die Beschaffung der Pflanzen nicht so erfolgen kann, daß der zukünftige Steingartenliebhaber seine Pflanzen in der Natur plündert. Wir erwerben unsere Alpenpflanzen in einschlägigen Gartenbaubetrieben und Blumengeschäften, wo wir auch mit größerer Sicherheit die gewünschten Arten und Sorten erhalten. Oder wir erhalten neue Exemplare von Freunden, die es verstehen, die Pflanzen aus Samen zu ziehen. Derartige, aus Samen gezogene Setzlinge, sind wesentlich widerstandsfähiger und vertragen dann auch die klimatischen Bedingungen des Tieflandes besser.

Wenn wir einen neu errichteten Gebirgspflanzengarten zu bestükken haben, so scheinen die Möglichkeiten grenzenlos zu sein. Es ist so viel Platz, daß wir jedes Gewächs kaufen können, das uns gefällt. Es wird jedoch nicht lange dauern und wir müssen feststellen, daß wir für die neuerworbenen Pflänzchen keine freie Stelle mehr finden und oft müssen wir sogar andere Steingartenbewohner umsetzen, um einen geeigneten Pflanzort zu finden. Wenn die Verhältnisse es uns erlauben, planen wir daher von vornherein einen großzügigeren Steingarten. Um so größer sind dann unsere Möglichkeiten, neue Pflanzenarten harmonisch einzuordnen. Eine größere Anlage können wir nach den verschiedenen Pflanzengesellschaften gliedern, so z. B. in Abschnitte für die Gebirgsarten Neuseelands, Europas, Nordamerikas, des Himalaja usw.

Bei der Bepflanzung des Steingartens sollten wir von der Vorstellung eines das ganze Jahr über blühenden, die gesamte Farbenpracht der Natur harmonisch in sich vereinigenden Blumenteppichs ausgehen. Wir vermeiden es, hochwüchsige Stauden im oberen Teil unseres Felsengartens zu verwenden, sondern belegen mit diesen die unteren Partien. Doch selbst wenn wir dies alles zuvor bedenken, wenn wir die Heimat, die Blütenzeit und Blütenfarbe einer Art kennen, so sind wir doch nicht vor Fehlgriffen sicher. Bereits im nächsten Frühjahr können wir etwa feststellen, daß aus der so schön blühenden Gewöhnlichen Kuhschelle *(Pulsatilla vulgaris)* ein mächtiger Blätterbusch wird, der noch dazu dem kleinen Felsenblümchen oder dem niedrigwachsenden Sonnenröschen die so notwendige Sonne gänzlich nimmt. Auch die Strohblume *(Helichrysum milfordiae)* gedeiht zwar zu vollster Zufriedenheit, kann sich aber wegen Platzmangel nicht weiter ausbreiten, daher schaffen wir ihr mehr Raum und setzen ihre Nachbarn um. In diesem ständigen Wechsel, in dieser Ungeduld und Neugierde, wie wohl der Steingarten nächstes Jahr aussehen wird, liegt sein besonderer Reiz.

Holzgewächse im Steingarten

Es wäre schade, unseren Steingarten nicht mit einigen Gehölzen zu bereichern, die ihn in ansprechender Weise gliedern und den niedrigen Krautbewuchs erfreulich beleben. Zuvor sollten wir allerdings gut überlegen, wohin wir die Holzgewächse pflanzen, welche Höhe sie erreichen, um später den ausgewachsenen Strauch oder Zwergbaum nicht umsetzen zu müssen. Wir bevorzugen dabei Arten und Kulturformen mit niedrigem, zwergigem Wuchs, deren es sowohl unter den Nadel- als auch bei den Laubhölzern eine ganze Reihe gibt. Namentlich die immergrünen Nadelgewächse, die auch im Winter nichts von ihrem Reiz verlieren, sind sehr gut geeignet. In keinem Steingarten sollte die Bergkiefer *(Pinus mugo),* vor allem die niedrigere Unterart ssp. *pumilio,* fehlen. In kleineren Anlagen können wir ihren Wuchs durch Stutzen der Frühlingstriebe weiter beschränken. Auch einige Wacholder-Kulturformen schaffen willkommene Abwechslung. Zu den zwergigsten gehört der säulenförmige Gemeine Wacholder (*Juniperus communis* 'Compressa'), den wir ohne Bedenken auch im kleinsten Steingarten verwenden können. Der niederliegende *Juniperus procumbens* 'Nana' überzieht das Gelände und die Steine mit einem dunkelgrünen Nadelteppich. Des weiteren sei die niedrig wachsende Schimmelfichte (*Picea glauca* 'Echiniformis') genannt, die sich durch kurze Silbernadeln und eine Wuchshöhe von nur 30 cm auszeichnet. Nur um ein weniges höher wird die wunderschöne Zwergtanne (*Abies hudsonica* 'Nana') mit breitliegendem Wuchs, ferner Kulturformen der Gattungen der Lebensbäume *(Thuja),* der Scheinzypresse *(Chamaecyparis)* und der Schierlingstanne *(Tsuga).* In größeren Steingärten finden oft die Schimmelfichte (*Picea glauca* 'Conica'), die nur langsam wachsende Scheinzypresse (*Chamaecyparis obtusa* 'Nana Gracilis'), die Kanadische Schierlingstanne (*Tsuga canadensis* 'Jeddeloh') und andere Verwendung.

Auch unter den Laubgehölzen finden wir viele für den Steingarten geeignete Arten. Zu den bekanntesten und meistverwendeten gehört die Zwergmispel *(Cotoneaster).* Die Gattung umfaßt eine Reihe laubabwerfender und immergrüner Arten, hochwüchsige Sträucher wie auch ganz niedrig bleibende Zwergsträucher, unter denen wir für jeden Steingarten das Passende finden. Für die ganz kleinen unter ihnen empfiehlt sich der zwergige Schmuckstrauch *(C. microphyllus)* oder die Felsen-Mispel *(C. dammeri* var. *radicans)* mit zierlichen runden Blättern, die Steine wie Gelände überwächst. Sehr schmückend ist auch die immergrüne Zwergmispel *(C. congestus)* und die ihr ähnelnde, aber laubabwerfende *C. adpressus.* Die bekannte Zwergmispel *(C. horizontalis)* bedeckt so große Flächen, daß sie nur für weitläufige Anlagen in Frage kommt. Auch einige Zwergweiden sollten unseren Steingarten bereichern. Durchaus erfolgreich lassen sich selbst die aus dem Hochgebirge stammenden kriechenden Zwergweidenarten *(Salix serpyllifolia)* und *(S. herbacea)* ziehen. Hierher gehört auch eine der schönsten Weidenarten, die Netzweide *(S. reticulata),* die sich wegen ihres langsamen Wuchses auch für kleinere Steingärten eignet. Zu den bekannten und gern gezogenen kriechenden Zwergehölzen gehört die Silberwurz *(Dryas).* Nicht nur ihre Blüten besitzen Schmuckwert, sondern auch Blätter und Fruchtstand. Aus vielen Arten können wir auch beim meist leuchtend gelbblühenden Ginster wählen. Es gibt sowohl niedrige und kriechende Zwergsträucher als auch bis zu zwei Meter hoch werdende Sträucher mit herrlicher Gestalt und großen Blüten. Zu den kleinsten gehört *Cytisus decumbens,* höher wachsend und reichblütig sind *C.* × *kewensis* und *C. purpureus.* In großen Steingärten oder als Solitärpflanze finden *C.* × *praecox* und *C. scoparius,* der Besenginster, Verwendung. Als weiteres Holzgewächs empfiehlt sich der Sauerdorn (Berberitze), besonders die im Herbst mit kleinen, rotgefärbten Blättern geschmückte *Berberis thunbergii* 'Atropurpurea Nana' oder die immergrüne *B. candidula.* Es gibt bei allen Arten eine Vielzahl von Sorten. Nicht vergessen sollten wir auch die Alpenrosen. Es gibt eine ganze Reihe für größere oder kleine Steingarten wie geschaffene Arten, die mit ihrem Blütenreichtum alles übertreffen. Von den ganz niedrigen seien die laubabwerfende *Rhododendron camtschaticum,* die immergrüne *R. myrtilloides* und die *R. keleticum* erwähnt. Äußerst dankbar und hart ist *R. impeditum* und seine Kulturformen.

Es ist unmöglich, hier alle Steingartengehölze zu nennen. Im Laufe der Zeit wird sich jeder Gartenfreund das rechte aus dem reichen Angebot auswählen.

Etwas Ökologie

Beim Verpflanzen der Steingartengewächse sollten wir nie vergessen, daß wir es mit lebenden Organismen mit den verschiedensten Ansprüchen an ihren Lebensraum zu tun haben. Wir sind deshalb bemüht, ihnen jene Bedingungen zu schaffen, an die sie in ihrer Heimat gewöhnt sind.

Nicht alle Steingartenbewohner stammen aus dem Gebirge. Einige Arten kommen aus steinigen Steppen, andere sind auf sandigen oder feuchten bis sumpfigen Standorten zu Hause, wieder andere sind in der Tundra jenseits des Polarkreises oder in den Weiten der Bergwüsten beheimatet. Sie stellen daher die mannigfaltigsten Ansprüche und uns erwartet eine schwierige Aufgabe, möglichst getreu diese oft extremen Umweltbedingungen auf einer doch recht kleinen Fläche nachzubilden.

Ein ganzer Komplex verschiedener Faktoren wirkt auf die Pflanzen ein, wie Sonneneinstrahlung, Makro- und Mikroklima, Luftfeuchtigkeit, Bodenchemie und anderes mehr. Viele dieser Anforderungen lassen sich relativ einfach erfüllen, andere bereiten uns schon mehr Schwierigkeiten. So werden wir einer Pflanze, die in ihrer Heimat in 2000 m Höhe gedeiht, wohl kaum ähnliche Bedingungen in einem Steingarten mit 300 m Seehöhe verschaffen können. Solch ein Gewächs geht entweder bald ein oder aus dem kleinen, zarten Setzling wächst ein zerzauster und breitliegender Busch heran. Wir sind deshalb besser beraten, wenn wir auf derartige Hochgebirgsexemplare verzichten. Nicht alle Gebirgsarten sind jedoch in diesem Maße konservativ und anpassungsunfähig. Bei entsprechender Pflege gedeihen und blühen viele von ihnen auch in unseren klimatischen Verhältnissen recht gut.

Gebirgspflanzen aus den Zonen oberhalb der Baumgrenze wachsen in praller Sonne auf. Trotzdem bekommt ihnen im Tiefland die Vollsonne nicht, da sie immer mit einer höheren Temperatur und vor allem mit Trockenheit verbunden ist. Wasser ist für alle Pflanzen einer der wichtigsten Existenzfaktoren. Ist für das Wurzelwerk unserer Schützlinge genügend Grundwasser erreichbar, können wir ihnen auch reichlich Sonnenschein gönnen. Andernfalls bekommt ihnen eher Halbschatten, eventuell der von lichten Bäumen gebotene Streuschatten. Viele Arten gedeihen in schattigen Partien vor allem, weil sie dort mehr Feuchtigkeit haben, nicht etwa, weil ihnen die pralle Sonne schaden würde.

Die chemische und physikalische Zusammensetzung des Bodens ist zwar für alle Gewächse von Wichtigkeit, doch wird die Bedeutung des Säuregehaltes (pH-Wert) oft überschätzt. Nur wenige Arten sind von diesem Wert abhängig, für die meisten ist er ohne größere Bedeutung.

In den Bergen, wo den ganzen Winter hoher Schnee liegt, bedeckt dieser alle Pflanzen wie ein schützendes Federbett und hält die Temperatur ständig um den Gefrierpunkt. In der Ebene fällt weniger Schnee, der auch nicht lange liegen bleibt und dann Kahlfrösten Platz macht. Um ein Erfrieren unserer Pflanzen zu verhindern, legen wir eine Winterschutzdecke aus frischen Kiefernzweigen oder besser Buchenlaub mit Nadelzweigen auf die Anlage. Nur jenen Hochgebirgsarten, die in Felsritzen beheimatet sind, in denen sich kein Schnee halten kann und die so den Frostwinden ausgesetzt sind, können die Kahlfröste nichts anhaben. Eine Pflanze kann kein Wasser, das kälter als 4 °C ist, aufnehmen, so daß sie in den Bergen im Winter oft ohne Feuchtigkeit auskommen muß. Einigen Pflanzen aus dem Hochgebirge bekommen daher unsere Winterregen nicht und wir müssen sie mit Hilfe einer Glasscheibe oder PVC-Folie vor der Feuchtigkeit schützen. Der Frühling zieht in den Bergen ziemlich spät ein und die Sonnenstrahlen besitzen dann schon beachtliche Kraft. Unseren Steingartenbewohnern können wir den Winter dadurch verlängern, daß wir sie mit dem an schattigen Stellen des Gartens liegengebliebenen Schnee bedecken. Die Schneeschmelze bringt im Gebirge einen Überfluß an Wasser mit sich, den wir im Steingarten durch reichliches Bewässern ersetzen. In den Frühlingsmonaten wechseln im Flachland wärmere und kältere, ja frostbringende Perioden ab, was für unsere Steingartenpflanzen und einige Zwiebelgewächse gefährlich ist. An wärmeren Tagen treiben die Pflanzen dann Knospen, die später erfrieren müssen. Aus diesem Grunde belassen wir den Winterschutz etwas länger und schwächen so die Temperaturschwankungen ab. Im Herbst stehen wir vor einer ähnlichen, nur umgekehrten Situation. Bedecken wir unsere Alpenpflanzen zu früh, so können einige warme Herbsttage, deren Wirkung durch die Schutzdecke vervielfältigt wird, ein erneutes Austreiben bewirken und die jungen Triebe wären dann dem vernichtenden Frost ausgesetzt. Wir warten also lieber mit dem Auflegen des Winterschutzes ab.

Heute werden im Steingarten auch aus den mittelasiatischen Wüstengebieten stammende Zwiebelgewächse eingesetzt. In ihrer Heimat erblühen sie nach den jährlichen Frühjahrsüberschwemmungen in reicher Blütenpracht. Bald jedoch verzehrt die brennende Wüstensonne auch den letzten Wassertropfen, die unterirdischen Pflanzenorgane reifen im heißen Sande nach. Auch im Steingarten sollten wir ihnen daher im Sommer Trockenheit und viel Wärme ermöglichen. Da aber unsere Sommer oft regenreich sind, empfiehlt es sich, die Zwiebeln aus der Erde zu nehmen und bis zum erneuten Verpflanzen im Herbst an einem warmen und trockenen Platz ruhen zu lassen.

Pflege des Steingartens

Wenn wir an unserem Steingarten dauerhafte Freude haben wollen, müssen wir ihm umfangreiche Pflege angedeihen lassen. Am stärksten nimmt er unsere Zeit im Frühjahr und Herbst in Anspruch. Mit ausgehendem Winter befreien wir ihn vom Laub, das als Fallaub oder vom Winde hergeweht sich hier und da angesammelt hat. Sodann entfernen wir die Reisigdecke und beseitigen die von Maulwürfen, Mäusen oder anderen Schädlingen angerichteten Winterschäden. Vom Frost angehobene Steine verlegen wir neu und drücken die um sie und um die Pflanzenhälse aufgeworfene Erde wieder fest an. Wo nötig, füllen wir neue Gartenerde nach. Mit dem ersten Sonnenstrahl zeigt sich auch zahlreiches Unkraut, das ohne Schaden zu nehmen selbst den strengsten Winter überdauert. Die Sommermonate nützen wir zu einer gründlichen Untersuchung unserer Pflanzen, wobei wir feststellen, ob sie nicht von Schimmel, Fäulnis oder irgendwelchen Schädlingen aus dem Tierreich befallen sind. Derartige Durchsichten sollten wir in kürzeren Abständen wiederholen und befallene Pflanzen sofort vernichten. Es könnte sich sonst eine Krankheit oder ein Schädling leicht in unserem Steingarten ausbreiten.

Im Herbst pflanzen wir neuerworbene Zwiebelgewächse und bereiten den Steingarten auf das Überwintern vor. Die abgeblühten Stiele werden beschnitten und Knollen sowie Zwiebeln heiklerer Arten aus der Erde genommen. Um die Wurzelhälse der Alpenrosen schütten wir langnadlige Kiefernstreu und wässern noch einmal ausgiebig. Ziergräser binden wir hoch und sichern auch die Äste der Koniferen, die unter der Schneelast brechen könnten. Die empfindlicheren Arten decken wir mit Nadelreisig ab, besser noch mit Buchenlaub und Nadelzweigen, die wir zusätzlich beschweren. Einzelne gegen Winternässe empfindliche Hochgebirgsbewohner schützen wir mit einer Glasscheibe oder Plastikfolie. Haben wir einen Teich ohne Abfluß, so decken wir ihn zu und legen ins Wasser ein Bündel aus Pflanzenstengeln oder besser einen Holzklotz, der ein Beschädigen des Teichrandes durch Eis verhindern soll. Belassen wir während des Winters Fische im Weiher, müssen wir ihnen die entsprechende Luftzufuhr sichern.

Wege und Treppen

In größeren Anlagen kommen wir nicht ohne Wege oder gar Treppen aus, die uns Zugang zu allen Teilen des Gebirgsgartens ermöglichen und so eine bequeme Pflege ebenso wie das Bewundern aus der

Nähe ermöglichen. Wir verlegen größere Natursteinplatten, die wir in Sand betten, um so einen sicheren Sitz zu erzielen. Unbearbeiteter Naturstein ist auch für Stufen das geeignetste Baumaterial. Die Lükken zwischen den Trittsteinen brauchen nicht unbepflanzt bleiben, hier sind solche Arten geeignet, denen das öftere Niedergetretenwerden nichts ausmacht, wie z. B. die Laugenblume *(Cotula squalida),* das Liegende Mastkraut *(Sagina procumbens),* der Moossteinbrech *(Saxifraga hypnoides)* oder auch die Mauermiere *(Paronychia serpyllifolia).* Dergestalt belebte Wege bieten eine farbenfrohe Augenweide und fügen sich organisch in den sie umgebenden Bewuchs ein.

Wasser im Steingarten

Ähnlich wie in der Natur stellt auch im Steingarten das Wasser, ganz abgesehen von seiner erheblichen ökologischen Bedeutung, immer ein erfrischendes, belebendes Element dar. Die einfachste Möglichkeit ist, Leitungsrohr einzugraben und es unterhalb des Kammes, durch einen Stein getarnt, münden zu lassen. Sodann heben wir das sich phantasievoll dahinschlängelnde Bachbett aus und leiten es in einen Weiher über. Den Lauf des Bächleins können wir außerdem durch Stufen und Wasserfälle interessanter gestalten. Hier und da dient eine seichte Mulde als Vogelbad oder Tränke. Das Bett des Baches können wir betonieren, wobei wir in den noch feuchten Beton

2) Ein bepflanzter Weiher belebt jeden Steingarten

kleine Kieselsteine drücken, die, durch einige größere Steine ergänzt, dem Beton ein natürliches Aussehen verleihen.

Für den Weiher wählen wir einen unregelmäßigen, so z. B. nierenförmigen Grundriß und zergliedern sein Ufer durch Buchten und seichte Ausläufer, gegebenenfalls auch durch einen kleinen Sumpf. Ein großer, aus dem Wasser ragender Stein kann die Wirkung in überraschender Weise erhöhen.

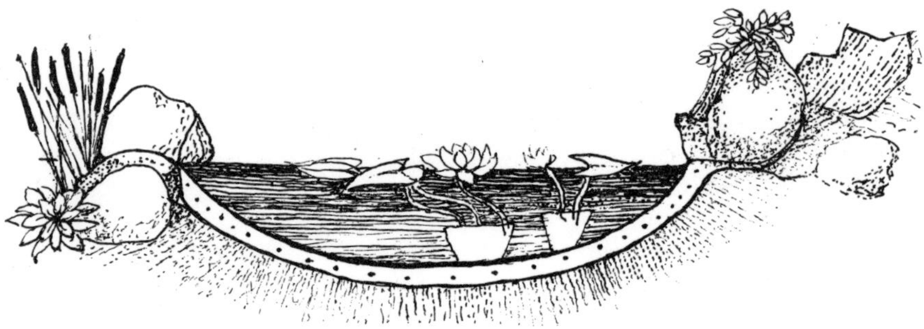

3) Einen Teich aus Plastikfolie können wir leicht selbst anlegen

Die schnellste Art, einen Weiher anzulegen, stellt ein Plastikfolienbecken dar. Zunächst graben wir eine entsprechende Vertiefung, der wir bereits die Gestalt des zukünftigen Teiches geben. Ihre Tiefe richtet sich nach der beabsichtigten Bepflanzung. Für große Seerosen heben wir eine Grube von wenigstens 70 cm Tiefe aus, bei mittelgroßen 30 bis 40 cm und die kleinbleibenden Arten, wie *Nymphaea*-Hybride 'Pygmaea' begnügen sich gar mit 15 oder 20 cm. Solche Gattungen wie Rohrkolben *(Typha),* Simse *(Scirpus)* oder Blumenbinse *(Butomus)* geben sich schon mit 10 cm Wassertiefe zufrieden. Verleihen wir bei größeren Teichen dem Beckenboden ein abgestuftes Profil, so gewinnen wir für die verschiedensten Wasserpflanzen geeigneten Lebensraum. Teichboden und Wände schmieren wir anschließend mit Lehm aus oder bestreuen sie zumindest mit feinem Sand. Es wird so verhindert, daß die PVC-Folie sich an scharfen Steinkanten reibt und einreißt. Darüber hinaus können wir die Folie doppelt verlegen.

Gleich darauf füllen wir das Becken mit Wasser, um ein gutes Anschmiegen der Plastikwandung zu erzielen. Den Rand unseres zukünftigen Weihers senken wir zum umliegenden Gelände etwas ab und füllen ihn mit Sand auf. Dann schlagen wir die Folie um und schieben sie weit genug über den Sandkranz hinaus, so daß wir sie mit dem Beckenrand gleichschneiden können. Größere, ins Wasser überragende Steine und kleinere Kiesel verdecken anschließend den freiliegenden Plastikstreifen. Zum Schluß streuen wir noch Erde zwischen die Steine und pflanzen dichtlaubige Arten. Hierfür eignen sich z. B. Pfennigkraut *(Lysimachia nummularia)* und Leimkraut *(Silene alpestris)*.

Unseren Plastikweiher müssen wir vor allem vor Beschädigung durch scharfe Gegenstände schützen. Aus diesem Grunde versenken wir die Behälter mit Seerosen oder anderen Wasserpflanzen mit äußerster Vorsicht. Haltbarer ist ein mit Teerpappe ausgekleideter Weiher, der Umgang mit diesem Material ist aber wesentlich schwieriger.

Als dauerhafte, wenn auch um vieles mühevollere Lösung bietet sich der Betonteich an. Grundriß und Bodenrelief richten sich nach den gleichen Gesichtspunkten wie bei dem oben genannten Verfahren, nur muß die Baugrube wegen der Betonschicht tiefer und nach allen Seiten weiter veranschlagt werden. Seitenwände und Beckengrund versehen wir mit einer 10 cm starken Betonschicht, auf die wir Drahtgeflecht als Armierung legen. Jetzt folgt die zweite, wiederum 10 cm dicke Betonlage. Es empfiehlt sich, den Teich mit einem Wasserabfluß auszustatten. Ehe der Beton aushärtet, drücken wir größere Steine in den Beckenrand, die wir wiederum ins Wasser ragen lassen und so den Beton unauffällig maskieren. Da ein Betonweiher ziemlich viel Platz in Anspruch nimmt, legen wir diesen besser noch vor dem Aufbau des eigentlichen Steingartens an, um Schäden zu vermeiden.

Die Bepflanzung des Wasserbeckens richtet sich nicht nur nach ihrer Tiefe, sondern ebenso nach der zur Verfügung stehenden Fläche. Auf jeden Setzling größerer Seerosenarten rechnet man wenigstens einen Quadratmeter Wasserfläche, da sonst die großen Schwimmblätter später nicht genügend Raum finden würden.

Sumpf, Bergwiese und Geröllfeld

In großzügiger angelegten Steingärten sollte man nicht auf solche interessanten Biotope wie Gebirgswiese, Geröllfeld, Sumpf oder feuchte Stellen verzichten. Neben diesen organisch in die Anlage einzufügenden Biotopen bilden Moor, Heidegarten oder eine Waldpartie eine willkommene Ergänzung und dienen, auch wegen ihres größeren Platzbedarfes, als das Auge erfreuende Überleitung zu den anderen Teilen des Gartens.

Den Sumpf legen wir zweckmäßigerweise direkt am Weiherufer an, da er ja auch ökologisch mit dem Wasserbecken in Verbindung steht. Schon beim Bau des Weihers können wir eine seicht auslaufende Bucht bilden. Haben wir uns für ein selbständiges Sumpfgebiet entschlossen, verschmieren wir die flach ausgehobene Vertiefung mit Lehm, legen sie mit Plastikfolie aus und decken diese mit Erdreich zu. Oft genügt schon die Lehmschicht, um ein Versickern des Wassers zu unterbinden. Ohne Zufluß aus dem Weiher trocknet jedoch unser Sumpf schnell aus, so daß ständig Wasser nachfließen muß, damit die Sumpfpflanzen nicht verdorren.

Eine ‚Gebirgswiese‘ bezaubert in fast jedem Steingartenteil, am Hang ebenso wie an flachen Stellen. Bei der Bestückung der Wiese richten wir uns nach ihrer Größe und Lage. Weitläufigere Bergwiesen lassen sich sehr effektvoll durch einen größeren Stein oder ein passendes Zwerggehölz gliedern. Die Gebirgswiese bietet uns reiche Bepflanzungsmöglichkeiten. Die Grundlage bilden Gräser, aber auch hier muß sorgfältig gewählt werden, da diese später den gesamten Steingarten verseuchen können. Mit gutem Erfolg kultivieren wir solche Ziergräser wie die Schwingelart *Festuca supina,* den Schneeschwingel *(F. glacialis)* oder *F. vivipara.* Auch schwachwüchsige Seggen, wie Polstersegge *(Carex firma),* Zwergsegge *(C. humilis)* und Bergsegge *(C. montana)* machen einen sehr guten Eindruck. Sehr schön nehmen sich auf der Bergwiese Blütenpflanzen aus. In höhergelegenen Partien verwenden wir niedrigwachsende Arten wie Stengelloser Enzian *(Gentiana acaulis)* oder Frühlingsenzian *(G. verna)* sowie verschiedene Zwiebelgewächse, von denen vor allem schwachwüchsige Narzissenarten und die Wildkrokusse in Betracht kommen. Auf Feuchtwiesen am Hang des Gebirgsgartens kommen wieder mehr die graziösen, sehr dekorativen Narzissenanemonen *(Anemone narcissiflora)* und auch die Europäische Trollblume *(Trollius europaeus)* zur Geltung. Von den Knollen- und Zwiebelgewächsen gedeihen im feuchten Wiesenboden *Gladiolus palustris,* die Sumpf-Siegwurz und die Wiesen-Siegwurz *(G. imbricatus),* des weiteren die

Schachblume *(Fritillaria meleagris),* die beliebte Osterglocke oder Gelbe Narzisse *(Narcissus pseudonarcissus)* sowie verschiedene Arten Knabenkraut.

Für viele aus dem Hochgebirge stammenden Arten ist das Geröllfeld der ideale Wohnplatz. In der Natur entstehen diese Steinschuttflächen durch Erosion des Gesteins, das allmählich ausgedehnte kegelförmige Hänge am Fuße der Berge bildet. Das Geröllfeld zeichnet sich vor allem durch gute Dränage aus. Daher häufen wir zunächst eine genügend mächtige Schotterschicht auf, überziehen diese mit einer etwa 10 cm starken Erdlage aus humushaltigem Gartenboden, der die Geröllpflanzen später die von ihnen benötigten Nährstoffe entnehmen, und schließen endlich den gesamten Aufbau wieder mit Schotter ab.

Im Schotter des Geröllfeldes gedeihen vorzüglich Gebirgspflanzenarten mit tiefreichendem Wurzelwerk, zu denen u. a. der Alpenmohn *(Papaver burseri),* das Täschelkraut *(Thlaspi stylosum),* die Sonnenröschenart *Helianthemum oelandicum* ssp. *alpestre,* der Rote oder Gegenblättrige Steinbrech *(Saxifraga oppositifolia),* aber auch die zu den Steintäscheln gehörende *Aethionema oppositifolia* zählt. Äußerst dekorativ wirkt auch das Alpenleinkraut *(Linaria alpina)* mit seinem feinen, graublauen Blattwerk und den auffälligen, lila-orange gefärbten Blüten.

Miniatursteingärten

Auch wer keinen Garten sein eigen nennt, muß nicht gänzlich auf die Reize der Gebirgsflora verzichten. Ein Miniatursteingarten findet in einem ausgedienten Trog, in einem hohlen Stamm oder selbst in einer Keramikschale Platz.

Ehe wir uns dem Bau des Miniatursteingartens selbst zuwenden, müssen wir uns für die Anpflanzung zwischen Kalkfreunden und Kalkfeinden entscheiden, wonach dann das Gestein für den Aufbau — Kalkstein oder solcher mit saurer Reaktion — beschafft wird. Haben wir kalkliebenden Gattungen den Vorzug gegeben, sind wir mit Travertin-Gestein am besten beraten. Auf ihm hat eine ganze Reihe der entzückendsten Pflanzen ausgezeichnetes Fortkommen.

Alsdann wählen wir ein geeignetes Gefäß mit Abflußloch an der tiefsten Stelle. Den Boden bedecken wir mit einer hohen Dränageschicht aus Schotter, auf die Ziegelsteinbrocken bis kurz unter den Behältnisrand gehäuft werden. Der Ziegelstein soll das Gieß- und Regenwasser stauen und den Wurzeln so besser zugängig machen. Bei ausgesprochen kleinen Gefäßen wie bei Verwendung von Travertin können wir die Ziegelbrocken weglassen. Über die Schotterschicht kommt sodann etwas zerkleinertes *Sphagnum*, dem Gartenerde folgt, die ein Gemisch aus Rasenerde, Sand und grobem Kies darstellt. Je nach der beabsichtigten Bepflanzung soll dieser aus kalkhaltigem oder saurem Gestein bestehen. In die Erde betten wir anschließend die für den Aufbau ausgewählten Steine und füllen die Lücken wiederum mit Gartenerde auf. Zur Bepflanzung nehmen wir nur

4) Ein Miniatursteingarten im Trog erfreut jeden

wirklich zwergwüchsige, nichtwuchernde Arten, die wir durch eine niedrigbleibende Konifere oder ein Zwerg-Laubgehölz ergänzen können. Bei kalkhaltigem Untergrund sind dies vor allem diverse Steinbrech-Arten aus der Sektion *Porophyllum*, der zu den Strohblumen zählende *Helichrysum milfordiae*, die Polstersegge *(Carex firma)*, das Sonnenröschen *(Helianthemum oelandicum* ssp. *alpestre)*, die Teufelskralle *(Physoplexis comosa)*, die Alpennelke *(Dianthus alpinus)*, *Dianthus freynii*, das Polstersandkraut *(Arenaria tetraquetra)*, alle Arten der Gattung Büschelglocke *(Edraianthus)* sowie einige kleinbleibende Gräser und Zwerghölzer. Für den auf saurem Gestein errichteten Miniatursteingarten können wir aus folgenden Zwerggewächsen wählen: Grasnelke *(Armeria juniperifolia)* Goldprimel *(Douglasia argentea),* die Bartfadenarten *Penstemon davidsonii, P. rupicola, P. pinifolius,* die Lewisien (als Bitterwurz bekannt) *Lewisia cotyledon, L. 'pinkie', L. rediviva,* Gletschernelke *(Dianthus glacialis), D. microlepis* und von den Gehölzen beispielsweise die Scheinzypresse (*Chamaecyparis pisifera* 'Nana'). Es wäre noch eine lange Reihe für beide Ministeingarten-Typen verwendbare Arten zu nennen, da viele Vertreter der Gebirgs- und Tieflandflora vom pH-Wert des Bodens nicht direkt abhängig sind.

Trockenmauern

Die Trockenmauer bildet den Grundstein architektonischer Steingärten. Bereitet uns z. B. die Bearbeitung eines steilen Hanggartens Schwierigkeiten, so gliedern wir diesen durch eine, wenn nötig auch mehrere Trockenmauern. Ihre Höhe sollte 50—70 cm betragen. Zum Bau verwenden wir nur Steine ein und derselben Art. Die Tiefe des Fundamentes richtet sich nicht nur nach der Mauerhöhe, sondern ist auch von der Seehöhe unseres Gartens abhängig. Mit der Höhe der Mauer wachsen auch die Ansprüche an die Tiefe des Fundaments, die aber zumindest 40 cm ausmachen soll. Für die ersten, in der Erde gelegenen Schichten wählen wir Abfallsteine oder die weniger ansehnlichen Steinplatten aus. Wir binden die Steine nicht mit Mörtel, sondern mit eingestreutem Erdreich ab, wozu sich am besten mit Sand vermischte Rasenerde eignet. Die einzelnen Schichten verlegen wir zum Hang hin etwas abgeschrägt. Dies soll das Ausspülen der Erde verhindern und Regen- wie Gießwasser besser den Wurzeln zuleiten. Jede weitere Schicht lassen wir des besseren Haltes wegen ein wenig zurückweichen. Den Verlauf der Trockenmauer gestalten wir nicht etwa eintönig gerade, sondern geben ihm mehrere Windungen und Winkel. So entstehen verschiedene stille und abgeschiedene Plätzchen. Zu lang erscheinende Mauern unterbrechen wir durch eine passend eingefügte Steintreppe.

Die Gewächse für die Trockenmauer verpflanzen wir zweckmäßigerweise bereits mit dem Errichten der Mauer. Sollten wir hierzu nicht gekommen sein oder vervollständigen wir später die Bepflanzung, schaben wir immer ein wenig Erde aus den Steinfugen und drücken das Pflänzchen in ein feuchthaltendes Torfmooshäufchen. Zur

Sicherheit verschmieren wir anschließend die Fuge noch mit feuchter Erde.

Eine Trockenmauer bietet reiche Bepflanzungsmöglichkeiten und das für alle Himmelsrichtungen, wenn auch die Ost- oder Südwestlage sich als die günstigste erweisen wird. So verpflanzen wir auf die der Sonne zugewandte Mauer mit Erfolg das Kriechende Gipskraut *(Gypsophila repens)*, die Moosphlox *(Phlox subulata)*, das Filzige Hornkraut *(Cerastium tomentosum)*, verschiedene Fetthenne-Arten, Hauswurz-, Steinkraut- und Büschelglockenvertreter und viele andere. Auf einer schattigen oder nach Norden gewandten Mauer gedeihen wiederum vorzüglich diverse Farnarten und schattenliebende Gattungen, unter denen die reizvollsten *Ramonda* und *Haberlea* sind. Richtig bepflanzt, verwandelt sich unsere Steinmauer während der Florzeit in eine farbenprächtige Blütenwand. Die Mauerkrone zieren wir mit herabhängend wachsenden Arten wie die Ziergehölze *Juniperus conferta*, der Frühlingszwergginster *(Cytisus decumbens)* oder die Teppichspindel *(Euonymus fortunei)*. Für die oberhalb der Trockenmauer gelegene Fläche bieten sich neben verschiedenen Ziersträuchern oder -Koniferen auch zwiebelbildende Steingartengewächse oder höherwerdende Stauden an.

Trockenmauern sind mit ihren in allen Farben schwelgenden Blütenkaskaden nicht nur äußerst effektvoll, sie bestechen auch durch ihre einfache und mühelose Pflege.

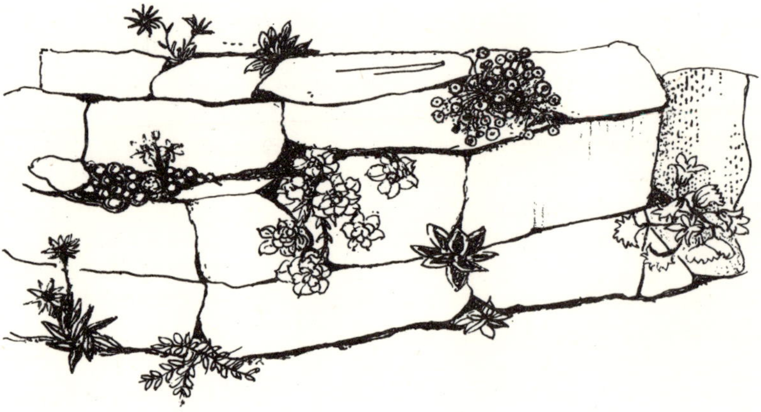

5) Eine bepflanzte Trockenmauer erfordert nur wenig Pflege

Eine Kartei kann nützlich sein

Die Mehrheit der Steingartenfreunde zeigt früher oder später lebhaftes Interesse an allem, was ihre Steingartenpflanzen betrifft. Ihnen genügt es nicht, Namen, Blühfarbe und -zeit zu wissen, es interessiert sie auch woher ihre Gartenbewohner stammen, welchen Bedingungen sie in ihrer Heimat ausgesetzt sind, in welchen Böden sie aufwachsen, wie das dortige Klima beschaffen ist usw. Diese Enthusiasten beschäftigen sich mit der wissenschaftlichen Einordnung in das botanische System und überhaupt mit allem, was irgendwie mit ihren geliebten Steingartengewächsen zusammenhängt. Zu den einzelnen Arten fertigen sie sich Notizen an, aus denen mit der Zeit eine richtige Kartei entsteht. Diese ist immer auf den neuesten Stand zu bringen. Laufend sind Karten für die neugepflanzten Exemplare einzufügen und die Karten der abgestorbenen Arten herauszunehmen oder zumindest entsprechend zu kennzeichnen. Als Kartenformat eignet sich DIN A6 oder größer, damit nicht nur der genaue Name und der Autor, der die Art beschrieb und ihr den Namen gab, vermerkt werden kann, sondern noch die bekannten Synonyme, Herkunft, Kulturansprüche, Blütezeit und Charakteristik, Höhe und Gestalt, des weiteren, ob es sich um Zwiebel- oder Knollengewächse, Stauden oder Gehölze handelt. Auf der Karte kann auch vermerkt werden, wann und von wem die Pflanze erworben wurde, wann wir sie verpflanzt oder geteilt haben u. ä.

BILDTEIL

Stachelnüßchen
Acaena microphylla Hook. f.

Rosengewächse
Rosaceae

Stachelnüßchen sind anspruchslose, sehr leicht zu kultivierende Steingartenbewohner. Ihre kriechenden, wurzeltreibenden Stengel bilden zierliche Teppiche. Die wintergrünen Blätter sind wechselständig und unpaarig gefiedert. Die Stachelnüßchen lieben humose, nicht zu schwere Gartenerde, die gut durchlässig sein soll. Den Standort wähle man weder zu naß noch zu trocken. Die Gattung gedeiht an sonnigen wie an halbschattigen Plätzen. Im Halbschatten lassen die gestreckteren Sprosse lockere Teppiche entstehen.

Alle Arten eignen sich als Rasenersatz oder Zwischenbepflanzung für Plattenwege. Mit Erfolg benutzen wir sie im Heidegärtchen oder an der Trockenmauer. Hervorragend bewähren sie sich auch als Unterwuchs für Zwiebelgewächse. Vermehrt wird mühelos durch Abtrennen bewurzelter Stengelstücke oder durch Kopfstecklinge.

Die Gattung *Acaena* umfaßt etwa 60 Arten, die vor allem in der südlichen Hemisphäre, besonders in Neuseeland, Australien, Mexiko und Südamerika verbreitet sind. Aus Neuseeland stammen *A. microphylla* und die robuste, 15 cm und höher werdende *A. novae-zelandiae* Kirk. Sie hat sattgrüne Blätter, bildet mehr als 1 m lange Schößlinge und braucht deswegen genügend Platz, sie gedeiht im Halbschatten.

Die empfindliche *A. argentea* Ruiz et Pav. aus Südamerika schmückt sich an kriechenden Stengeln mit blausilbrigen, angedrückt behaarten Lederblättern.

Bei *A. microphylla* (1) sind die einzelnen Blattfieder braungrün, rund und scharf gezähnt. Winzige, unauffällige Blüten bilden an etwa 5 cm langen Stielen kugelige Blütenstände. Noch zierender als die Blüten sind die ca. 1 cm großen braunroten Stachelfrüchtchen.

Etwas empfindlicher ist die in Patagonien beheimatete *A. magellanica* (Lam.) Vahl. (syn. *Acaena glaucophylla* Bitt.) (2). An kriechenden Trieben wachsen bis 10 cm lange, unpaarig gefiederte, blaugrüne Blätter mit runden, scharfgezähnten Fiedern. Diese Art breitet sich in lockeren, 10—15 cm hohen Teppichen aus. Im August erscheinen zierende Blütenköpfchen.

Die auf Neuseeland vorkommende *A. buchananii* Hook. f. (3) mit silbergrauen Blättern wächst extrem niedrig und bildet dichte Teppiche. Die Blütenköpfchen sind mit gelben Stacheln besetzt.

1
2
3

Stechnelke, Igelpolster
Acantholimon glumaceum
(Jaub. et Spach) Boiss.

Bleiwurzgewächse
Plumbaginaceae

Diese ausdauernde immergrüne Pflanze bildet mit der Zeit aus ihren nadelartigen, stechenden Blättern ausgedehnte Stachelpolster. Ihre Heimat sind die Steppen und Gebirge Armeniens und Kleinasiens. Nur sehr wenige der zahlreichen Stechnelkenarten fanden Eingang in die Steingartenkultur.

Neben einem geschützten Standort in voller Sonne und gutem Wasserabzug erfordern die Stechnelken mageren, kalkhaltigen, mit scharfem Sand und Kalkschotter vermischten Boden. Am besten wachsen sie in engen Felsspalten. Da sie auf winterliche Nässe empfindlich reagieren, schützen wir sie in regenreichen Wintern mit einer Reisigdecke. An ungünstigen Stellen sind sie nur schwer zum Blühen zu bewegen. Einmal eingepflanzt, belasse man die Stechnelke am Ort, da ältere Exemplare das Umsetzen nur schwer vertragen.

Stechnelken vermehren wir durch Aussaat oder Stecklinge von Juli bis August. Man kann auch Seitentriebe anhäufeln und sie nach dem Bewurzeln im Frühjahr abtrennen. Eine weitere Möglichkeit ist das Veredeln auf Wurzelstücken der Stechnelke. Am einfachsten vermehrt man aber aus den keimkräftigen Samen, die sofort nach der Reife oder im Februar ausgesät werden. In Kultur bildet die Stechnelke jedoch keine oder nichtkeimende Samen aus.

Zu den überall zur Zufriedenheit gedeihenden Arten zählt *A. glumaceum* (1) aus Armenien. Aus der grundständigen dunkelgrünen Blattrosette erheben sich am 7–9 cm langen Stiel die Blütenähren. Die rosa Blüten entfalten sich im Juni und Juli, oft noch im August. Schmückend sind auch die Früchte (2).

Aus Kleinasien stammt *A. olivieri* (Jaub. et Spach) Boiss., syn. *A. venustum* Boiss. Diese Art bildet dichte, blaugrüne Igelpolster aus, die noch stechender sind als bei *A. glumaceum.* Der reiche Flor ist sattrosarot. Im Winter verlangt diese viel heiklere Art Trockenheit und eine wirksame Schutzdecke. Im Steingarten zählt sie wegen ihrer schwierigen Kultur zu den seltenen Vertretern. Die Samen sind zwar keimfähig, werden jedoch in unseren Breiten nicht ausgebildet. Stecklinge wurzeln nur schwer ein.

1
2

Japanischer Ahorn, Japanischer Fächerahorn

Ahorngewächse

Acer palmatum Thunb.

Aceraceae

Die Ahorne kennen wir vor allem als mächtige, weit ausladende Bäume, die in keinen Steingarten passen. Es gibt jedoch auch sehr langsam wachsende Arten, meist außereuropäischen Ursprungs, die in jeden Steingarten gehören. Da sie sich beschneiden lassen, ist die Wuchshöhe von 2—4 m nicht von Bedeutung. Ist aber genügend Platz vorhanden, sollte man dieses besonders schöne Gehölz frei wachsen lassen.

Zu den wirkungsvollsten Arten gehören der in Japan beheimatete Zwergahorn (*A. japonicum* Thunb.) und der aus Japan, Korea und China stammende Japanische Ahorn *(A. palmatum)*. In ihrer Heimat sind sie mittelhohe Bäume oder Großsträucher, bei uns zählen sie zu den niedrigeren Sträuchern. Die Japanischen Ahorne sind frostempfindlich, wenn auch angefrorene Partien meist wieder regenerieren. Wir wählen also einen geschützten Standort, der gleichzeitig ihre herrliche Färbung und die grazile Gestalt voll zur Geltung bringt. Vermehrt wird durch Stecklinge, die im März oder Juni geschnitten werden, oder durch Samen und spätere Selektion der Sämlinge.

Der Japanische Ahorn *(A. palmatum)* hat feine, sehr variable, in 5—11 schmale doppeltgezähnte Abschnitte geteilte Blätter und zierliches Gezweig. Je feiner Zweige und Blattwerk, um so hübscher wirkt das Gehölz. Häufig sieht man zwei schöne, langsamwachsende Kulturformen: 'Atropurpureum' (3) mit feinem rotgefärbtem, im Herbst leuchtendrotem Laub und 'Atropurpureum Dissectum' (1) mit gleicher Färbung, aber noch feiner geteilten Blättern und zierlichem, schwach überhängendem Gezweig.

Als prachtvolle farbliche Ergänzung zum *A. p.* 'Atropurpureum' können wir den Zwergahorn *(A. japonicum)* (2) wählen. Seine reizvollen runden, 7—11 teiligen, zweifach gezähnten Blätter sind im Sommer hellgrün und im Herbst rötlich. Gern wird auch der langsamwachsende Goldzwergahorn (*A. j.* 'Aureum') mit seinem gelbgrünen, im Herbst golden leuchtenden Laub gezogen. Dieser Strauch verträgt keine pralle Sonne, da er sonst seine strahlende Färbung verliert.

2

1
1
3

Serbische Silbergarbe — Korbblütengewächse
Achillea serbica Nym. — *Asteraceae*

Über 100 Arten der Gattung *Achillea* wachsen vor allem in der gemäßigten Zone der nördlichen Halbkugel. Die an einem aufrechten Stengel sitzenden, tief ausgebuchteten oder einfachen Blätter bilden eine Bodenrosette. Entweder entstehen große einzelne Körbchen oder die Körbchen vereinigen sich zu flachen doldenartigen Blütenständen. In der Reife bilden sich glatte, flaumlose Nüßchen. Die niedrigen Arten wie *A. serbica,* verpflanzen wir direkt in den Steingarten, die höheren — wie z. B. die bis 1,5 m hochwerdende Goldgarbe (*A. filipendulina* Lam.) mit ihren goldgelben Flachdolden — werden an den Rand des Steingartens als Solitär gesetzt. Die weniger anspruchsvollen Arten bedecken auch Flächen, wo andere Gattungen nur schwer gedeihen.

Die Schafgarbe (*A. millefolium* L.) gedeiht in großer Zahl auf den Brachen Mitteleuropas. Von dieser Wildart gibt es einige schöne Gartenformen, wie z. B. die rotblühende 'Kelwayi', die 80—90 cm hohe 'Sammetriese' mit dunkelroten Blüten und die rosablühende, 50—60 cm hohe 'Cerise Queen', die gern angepflanzt werden.

Die anspruchslose Garbe gedeiht am besten in mageren, leichten Sandböden mit guter Dränage und vollsonniger Lage. Sie wird ohne Schwierigkeiten durch Teilung, Stecklinge oder im Frühjahr ausgesäte Samen vermehrt.

Die Serbische Silbergarbe *(A. serbica)* (1) ist graubefilzt, 15—20 cm hoch. mit silbergrauen schmalen, gesägten Blättern. Die 1—3 großen, endständigen Blütenkörbchen erinnern an kleine Margeriten. Kleine, weiße Zungenblüten umgeben die gelbe Blütenscheibe. Blütezeit ist Juni—Juli.

Etwas später blüht die sonst sehr ähnliche Dalmatiner Silbergarbe *(A. ageratifolia)* (Sibth. et Sm.) Boiss. aus Mazedonien. Das ebenfalls grausilbrige Laub ist fiederteilig. An aufrechten Stengeln erblüht nur jeweils ein großes Körbchen.

Die 15—20 cm hohe Goldgarbe (*A. chrysocoma* Friv., syn. *A. aurea* Lam.) (2) verdeckt mit ihren fein geteilten weißfilzigen Blättern trockene und steinige Plätze im Steingarten. Aus den kleinen Bodenrosetten schieben sich kriechende Triebe, an deren Enden neue Blattrosetten wurzeln. Rasch bilden sich so graue Teppiche, die im Mai und Juni, oft bis in den August, Blüten bringen.

A. millefolium 'Kelwayi' (3), eine Kulturform der Schafgarbe, hat bis zum Sommerausgang effektvolle, leuchtendrote Blüten, breitet sich jedoch ziemlich leicht aus.

3
2
1

Adonisröschen Hahnenfußgewächse
Adonis vernalis L. *Ranunculaceae*

Das Adonisröschen ist eine in ganz Europa und Asien verbreitete, einjährige bis ausdauernde Pflanze. Die wenig verzweigten Stengel tragen feine, fiedergeteilte Blätter und endständige Einzelblüten. Für den Steingarten eignen sich *A. vernalis* sowie *A. amurensis* mit großen, gelben Blüten.

Das Adonisröschen verlangt Vollsonne und nährstoffreichen, leichten Kalkboden. In saurer Erde wächst es nur spärlich. Lange kann es an ein- und derselben Stelle ausharren und wächst bei günstigen Boden- und Lageverhältnissen zu anmutigen, reichblütigen Büschen heran. Dies muß beim Auspflanzen berücksichtigt werden. Nach der Blüte strecken sich die Stengel noch einmal und es dauert oft bis in den Herbst, ehe die Pflanze einzieht.

Für die Vermehrung empfiehlt sich eine Büschelteilung nach der Blüte oder Samenaussaat gleich nach der Reife. Es muß jedoch damit gerechnet werden, daß die noch grünen Samen bereits ausfallen. Auch kommen die Sämlinge nur langsam voran.

Das Amur-Adonisröschen stellt in der Kultur andere Ansprüche. Es liebt kräftigen Humusboden, schwachen Halbschatten und feuchtere Lage. Es ist daher als Baumunterpflanzung sehr willkommen. Im Garten bildet es keine keimfähigen Samen aus und wird deshalb ausschließlich durch Teilen der Büschel vermehrt.

2

Auf warmen, sonnigen Hängen und in steinigen Steppen Süd- und Mitteleuropas, vorwiegend auf stark basischem Gestein, gedeiht das Adonisröschen *(A. vernalis)* (1). Es steht unter Naturschutz und darf nicht ausgegraben werden. Es läßt sich aber leicht im Garten vermehren. Die 10–30 cm hohe Art bringt von April bis Mai etwa 7 cm große, in leuchtendem Gold glänzende Einzelblüten hervor. Während der Blütezeit sind sie ein einzigartiger Schmuck jedes Steingartens. Später umgeben runzlige, hakenförmige Nüßchen (2) einen walzenförmigen Fruchtboden.

Viel seltener ist das Amur-Adonisröschen (*A. amurensis* Regel et Radde) (3) aus der Mandschurei. Es ähnelt der vorgenannten Art, jedoch ist das Laub feiner geschlitzt und treibt erst nach der Blüte voll aus. Es blüht im Februar oder März mit etwas kleineren Goldblüten.

Steintäschelkraut

Aethionema rotundifolium Boiss.
syn. *Eunomia rotundifolia*
(Bois.) C. A. Mey.

Kreuzblütengewächse
Brassicaceae

Die Steintäschel sind einjährige oder ausdauernde Kräuter bis Halbsträucher. Von den etwa 40 Arten kommen nur vereinzelte in Europa vor, das Hauptverbreitungsgebiet ist der Nahe Osten. Schon an ihrem Habitus erkennen wir den Steppenbewohner. Die graugrünen Blätter sind meist kahl und ganzrandig klein. Verhältnismäßig große, weiße oder rosa- bis purpurfarbene Blüten stehen in dichten Trauben.

Die meistangebauten Arten sind das Persische Bergtäschel *(A. grandiflorum)* und das Steintäschelkraut (*A. rotundifolium* Boiss.).

Die Steintäschel pflanzen wir an sonnige Plätze mit guter Dränageschicht. Der Pflanzerde mengen wir Schotter oder scharfen Flußsand bei, wodurch sie leichter und wasserdurchlässiger wird. Um die Setzlinge, die in Felsspalten oder auf Geröll am besten gedeihen, geben wir noch feinen Schotter. Da sie starke Nässe schlecht vertragen, schützen wir die Steintäschel im Winter mit einer Glasscheibe oder Plastikfolie.

Am einfachsten vermehrt man durch Samen, die sofort nach der Reife oder zeitig im Frühjahr unter Glas gesät werden. Manche Arten vertragen auch das Teilen der Büschel, andere vermehrt man durch Stecklinge, die von Juni bis August in ein Mistbeet mit gesiebtem Sandboden pikiert werden.

Das nur 3—5 cm hohe Steintäschelkraut *(A. rotundifolium)* (1) stammt aus dem Kaukasus. Die niedrigbleibende Art eignet sich auch für Miniatursteingärten. Die kurzen, beblätterten Sprosse enden in Trauben kleiner rosa Blüten. Das Graugrün der Blätter, kombiniert mit dem Rosa der Blüten ergibt im Hauptflor von April bis Mai außergewöhnliche Farbeffekte. Als Früchte reifen geflügelte Schötchen (2) heran.

Das Persische Bergtäschel (*A. grandiflorum*, Boiss. et Hohen.) (3) ist mit 20–30 cm Höhe schon stattlicher. Die in Trauben sitzenden großen rosaroten Blüten entfalten sich von Mai bis Juli.

Besonders schön und intensiv in der Farbe sind die Sorten 'Warley Rose' – rosafarben und 'Warley Ruber' – dunkelrot.

2

3

Rosenlauch, Ostrowski-Lauch — Liliengewächse
Allium oreophilum C. A. Mey. — *Liliaceae*

Die Gattung *Allium* ist mit ihren rund 280 Arten fast in der ganzen Welt verbreitet. Diese Zwiebelgewächse gedeihen auf trockenen, vollsonnigen Standorten ebenso wie auf feuchtem Waldboden, und dies vom Tiefland bis ins Gebirge. Auch ihr Habitus ist vielfältig. Neben zwergigen Arten kennen wir auch solche mit bis zu 1,5 m Höhe, wie z. B. *A. giganteum* aus dem Himalaja, einer ausgezeichneten Solitärpflanze für die Steingartenumgebung. Auch die Blütenfarbe kann verschieden sein. Wir haben die Wahl zwischen Gelb *(A. moly)*, Rosa *(A. oreophilum)*, Blau, Weiß oder Violett. Die Fruchtstände der Lauche mit den Samenkapseln werden gern zu Trockensträußen genommen.

Mit der Kultur der Lauche gibt es kaum Probleme. Wir setzen sie an sonnige, vor allem gut durchlässige Stellen mit sandigem Humusboden. Kleinere Zwiebeln stecken wir 6—8 cm tief, größere, wie bei *A. giganteum*, bis zu 20 cm. Pflanzzeit ist September bis Oktober. Mehrere Jahre können wir die Zwiebeln an Ort und Stelle belassen. Nach dem Vergilben der Blätter nehmen wir sie zum Umsetzen aus der Erde.

Lauche vermehrt man durch die reichlich gebildeten Brutzwiebeln. Die Samenvermehrung ist langwierig.

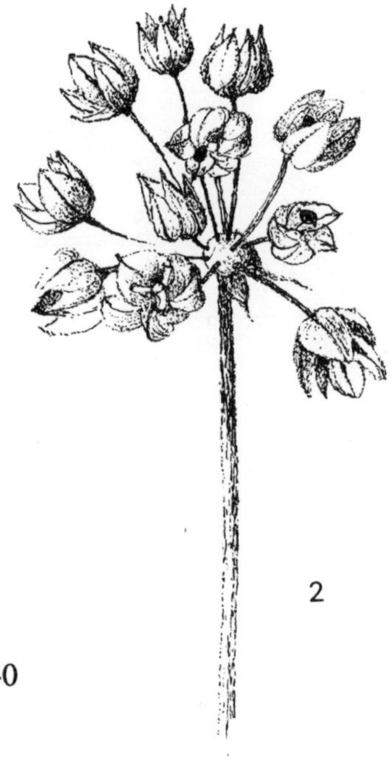

2

Zu den niedrigbleibenden Arten zählt der Rosenlauch (*A. oreophilum*, syn. *A. ostrowskianum* Regel) (1) aus Turkestans Steppen. Diese genügsame Pflanze belebt den Steingarten im Juni und Juli mit der Vielzahl ihrer großen, rosaroten Blüten. Getrocknet werden sie für Trockensträuße genommen (2).

Recht häufig findet man *A. moly* L. (3), den aus Südeuropa stammenden Goldlauch. Aus seiner weißlichen, nicht allzu großen Zwiebel (4) entsprießen die etwa 1 cm breiten grüngelben Blätter und der 20—30 cm hohe Blütenstiel mit einer aus zahlreichen gelben Blüten zusammengesetzten Dolde. Blütezeit Mai bis Juli.

A. moly verträgt sowohl volle Sonne als auch mäßigen Halbschatten, wie ihn etwa lichte Bäume spenden. Die sich rasch ausbreitende Art hat leider mit den anderen Lauchen den Nachteil gemeinsam, daß die Blätter schon in der Blüte zu gilben beginnen, was nicht gerade schön aussieht.

Bergsteinkraut, Bergsteinrich Kreuzblütengewächse
Alyssum montanum L. *Brassicaceae*

Von den vielen Steinkrautarten kommen für den Steingarten nur wenige, meist in Europa verbreitete Arten in Frage. Sie besitzen vielfältige Gestalt und Wuchsform. Einige von ihnen bedecken den Boden mit niedrigen Polstern wie *A. montanum* oder *A. moellendorfianum* Aschers. ex Beck, andere bilden lockere und stechende, weiß oder rosa blühende Zwergsträucher, wie z. B. der Frühlingssteinrich (*Ptilotrichum spinosum* [L.] Boiss, syn. *A. spinosum* L.). Größter Beliebtheit erfreut sich das Felsensteinkraut *(A. saxatile)* und dessen Varietäten: Die gefüllte Sorte 'Plenum', 'Citrinum', zitronengelb, oder 'Variegatum' mit gelb und weiß panaschierten Blättern. Für kleinere Steingärten ist die nur 12—15 cm hochwerdende Sorte 'Compactum' sehr geeignet.

Das Steinkraut gedeiht auf trockenen, sonnenbeschienenen Felsen vom Tiefland bis in die Bergeshöhen. Im Steingarten ist es anspruchslos und dankbar. An sehr sonnigem Standort in magerem Sand- oder Steinboden mit wirkungsvoller Dränage bringt es reichste Blüten. Ausgezeichnet gedeiht es in Felsritzen oder auf der Trockenmauer, die es rasch umwächst und mit entzückenden Blütengirlanden verschönert. In kräftiger Humuserde beginnt das Steinkraut stark zu wuchern und geht bald ein. Obwohl diese Pflanzen in der freien Natur kalkhaltige Felsen bevorzugen, begnügen sie sich im Steingarten auch mit saurem Boden. Soll eine kompaktere Form bewahrt bleiben, muß nach dem Abblühen um ein Drittel zurückgeschnitten werden.

Steinkräuter zieht man am besten aus Samen, die in großen Mengen anfallen. Oft säen sie selbst aus und die Sämlinge blühen schon im zweiten Jahr. Gartenzüchtungen vermehren wir durch nach der Blüte geschnittene Stecklinge.

Das Bergsteinkraut *(A. montanum)* (1) ist eine reichblütige, 5—10 cm hohe, graugrüne Pflanze. Die grundständige Blattrosette ist kaum entwickelt. Die zur Wurzel hin verholzenden, belaubten Sproßachsen sind niederliegend, an den Enden aufsteigend. An den mit kleinen immergrünen Blättern besetzten Stengeln bilden sich gelbblütige Trauben, aus denen zweisamige Schötchen entstehen. Blütezeit von April bis Juni.

Zu etwa 30 cm hohen Zwergsträuchern wächst das Felsensteinkraut (*A. saxatile* L.) (2) heran. Im April bis Juni, wenn das Steinkraut in voller Blüte steht, ist es eine der schönsten Zierden des Steingartens. Als Frucht erscheint ein rundes ein- bis zweisamiges Schötchen (3, 4). Nach der Blüte ist ein Rückschnitt auf 5 cm erforderlich, da es sonst kahl wird.

1
2
3
4

Marokkokamille Korbblütengewächse
Anacyclus depressus Ball *Asteraceae*

Wir kennen 12 Arten der Gattung *Anacyclus,* die meist im Mittelmeerraum verbreitet sind. Im Steingarten fand aber bisher nur die aus den marokkanischen Gebirgen im Norden Afrikas stammende *A. depressus* Verwendung.

Wollen wir dieses herrliche Gewächs recht lange in unserer Anlage bewundern können, so müssen wir sie in Vollsonne und Sandboden setzen, dem wir noch kalkhaltigen Schotter beigeben. Die besten Plätze sind Trockenhänge, enge Spalten, Trockenmauern u. ä. Sollte diese Pflanze noch vor ihrer Blüte einziehen, so muß dies nicht ihr Ende bedeuten. Zu große Nässe kann die Ursache für dieses Verhalten sein. Oft genügt es, die Pflanze im Trockenen zu belassen, um übers Jahr ihre „Wiedergeburt" erleben zu können. Es dauert oft längere Zeit, bis sich die Marokkokamille an einen neuen Standort gewöhnt. Besonders um Felsritzen müssen wir ihr genügend Platz lassen, damit sie ihre Zweige zu einem Ring ausbreiten kann, der ihr auch den Namen verlieh. Sie würde sonst die typische, so interessante Wuchsform verlieren. Vor winterlicher Nässe sollte sie unbedingt geschützt werden.

Die Marokkokamille ziehen wir aus Samen, die sofort ausgesät werden. Sie werden im Kalthaus überwintert und im zeitigen Frühjahr verpflanzen wir die noch kleinen Setzlinge an ihren Standort. Unter günstigen Bedingungen säen sich diese Zwergmargeriten sogar selbst aus.

2

Ein sehr interessantes Steingartengewächs ist die Marokkokamille *(A. depressus)* (1). Richtig eingesetzt, kann sie ungemein dekorativ sein, wenn sich ihre liegenden, beblätterten Sprosse ringförmig nach allen Seiten hin ausbreiten. Das dunkelgrüne Laub der nur 5—10 cm hochwerdenden Art ist fein geteilt. Zum Ende hin richten sich die Stengel auf und gehen in an kleine Margeritenblüten erinnernde Körbchen über. Die randständigen Zungenblüten sind außen karminrot (2), weshalb auch die Blütenknospen rosarot erscheinen. Erst mit dem Entfalten kommen die weißen Innenseiten der am Rande stehenden Blüten und die gelbe Mitte zum Vorschein. Dieses können wir von Mai bis Juli beobachten.

Das für die gesamte Familie *Asteraceae* so typische Blütenkörbchen setzt sich aus einer großen Zahl kleiner Einzelblütchen zusammen. Da sie eine einzige Blüte vortäuschen, spricht man von einer Scheinblüte (3). Die Mittelblüten sind gleichmäßig, die äußeren zungenartigen Blüten können oft fehlen.

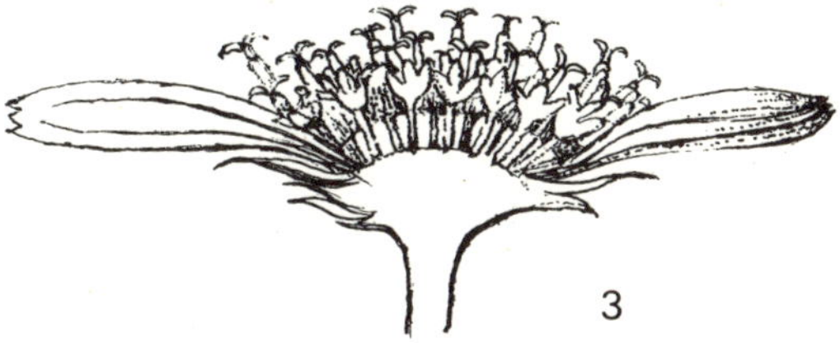

3

1

Mannsschild Primelgewächse
Androsace ciliata L. *Primulaceae*

Die zierlichen Mannsschildarten entstammen meist dem Hochgebirge, wo wir sie als dichte Blattrosettenkissen oder -rasen vorfinden. Die Vielfalt der Arten umfaßt solche mit müheloser Kultur neben schwierigeren oder gar solchen, die in einem speziellen Alpinenhaus gezogen werden müssen. Die Gattung *Androsace* unterteilt sich in vier Sektionen: *Pseudoprimula, Chamaejasme, Aretia* und *Andrapsis.* Die Sektion *Pseudoprimula* bilden hauptsächlich asiatische Arten. Sie brauchen Halbschatten bis Schatten, ihr Anbau ist allerdings kompliziert. Am häufigsten werden Zwerg-Mannsschilder der Gruppe *Chamaejasme* gezogen. An mäßig beschatteten Plätzen mit normaler Gartenerde entwickeln sie ansehnliche Rosettenteppiche. Zur Gruppe *Aretia* gehören die allerkleinsten, dichte Polster bildenden Hochgebirgs-Mannsschilde. Leider sind sie recht schwierig und halten sich mit Ausnahme von *A. ciliata* nicht lange im Steingarten oder sie tragen kaum Blüten. Ihre Ansprüche sind sandiger bis steiniger Boden, gute Dränage und halbschattiger Standort. Sie gedeihen am besten in Nischen zwischen den Steinen. Die letzte Sektion — *Andrapsis* — bilden einjährige, meist sich selbst aussäende Arten. Die Mannsschilde vermehren wir leicht durch Abtrennen der Blattrosetten, Sommerstecklinge oder sofort nach der Reife ausgebrachte Samen.

4

A. ciliata (1) ist einer der wenigen Mannsschilde aus der Sektion *Aretia*, der sich mit Erfolg im Steingarten ziehen läßt. In seiner Heimat, den Pyrenäen, kommt er in den Spalten kalkhaltiger Felsen bis zu einer Höhe von 4000 m vor. Die Blüte dauert von März bis Mai.

Zu den wenig anspruchsvollen gehört der Milchweiße Mannsschild (*A. lactea* L.) (2) aus der Sektion *Chamaejasme.* Er gedeiht auf Kalkfelsen der europäischen subalpinen bis alpinen Bergstufen. Nach überreicher Blüte im Mai und Juni erscheinen als Früchte Samenkapseln (3).

Aus dem Himalaja stammt der starkwüchsige Primelmannsschild (*A. primuloides* Duby) (4) aus der Sektion *Chamaejasme.* Durch zahlreiche, in wurzeltreibenden Blattkränzen endende Ausläufer breitet sich die Art zu lockeren Rosettenteppichen aus.

Der gleichen Sektion gehört der wüchsige Himalaja-Mannsschild (*A. sempervivoides* Jacq.) (5), im Mai und Juni blühend sowie der schon im April und Mai reinrosafarbene Blüten tragende *A. mucronifolia* Watt. (6) an.

3

1

6

2

5

Strahlenanemone, Apenninen-Windröschen Hahnenfußgewächse
Anemone apennina L. *Ranunculaceae*

Die Anemonen sind vor allem auf der nördlichen Halbkugel verbreitet. Einige Arten, wie das Apenninen-Windröschen *(A. apennina)* und die Balkan-Märzanemone *(A. blanda)* bilden Knollen aus, andere einen dünnen Erdsproß wie das Buschwindröschen *(A. nemorosa)* und das Gelbe Windröschen *(A. ranunculoides),* oder haben, wie das Berghähnlein *(A. narcissiflora)* Faserwurzeln. Die Windröschen können niedrig (10—15 cm), mittelhoch oder bis zu einem Meter hoch sein. Einige Arten blühen im zeitigen Frühjahr, andere erst im Herbst. Auch ihre Kulturansprüche sind unterschiedlich.

Die Züchter widmeten den Anemonen besondere Aufmerksamkeit, so daß wir eine Vielzahl Kulturformen auf dem Markt finden, besonders bei den Arten *A. apennina, A. nemorosa* und dem hochwüchsigen Herbstblüher *A. japonica,* der Japanischen oder Herbstanemone.

Vermehrt wird durch Samen gleich nach der Reife. Die Früchtchen können je nach Art kahl, behaart, runzlig o. ä. sein. Bei Knollengewächsen kann auch im Juli die Wurzelknolle geteilt werden.

Immer wieder gern gezogen wird die wunderschöne Strahlenanemone *(A. apennina)* (1). Die dunkelbraunen, verlängerten Knollen erinnern an einen Erdklumpen. Die große Blüte setzt sich aus 8—14 schmalen, blauen Blütenblättern zusammen. Diese in vielen Farben bezüchteten zeitigen Frühjahrsblüher bezaubern mit ihrer zarten Schönheit jeden Betrachter. Sie gedeihen in Südeuropas Laubwäldern, deren humosen Waldboden sie lieben. Wir bringen deshalb auch in unserem Steingarten die Knollen in humose Erde, etwa 6 cm tief. Der beste Pflanzplatz ist unter einem Laubstrauch der Waldpartie, wo die Anemonen genügend Humus und Frühlingssonne bekommen. Wenn wir unnötiges Umsetzen vermeiden, erzielen wir reichhaltige Bestände.

Ähnlich ist die Balkan-Märzanemone (*A. blanda* Sch. et Ky.), mit Ursprung in Griechenland und Kleinasien.

Einen völlig anderen Habitus besitzt das Berghähnlein oder auch Narzissenanemone (*A. narcissiflora* L.) (2). Trotz seines kräftigen Wuchses wirkt es z. B. auf der Bergwiese am Fuße des Steingartens sehr dekorativ. Es stammt aus den Gebirgen Mitteleuropas, des nördlichen Asiens und Nordamerikas, wo es vor allem kalkhaltigen Untergrund bevorzugt. Wir wählen daher für es feuchthumosen Steinboden abseits der prallen Sonne. In Kultur gedeiht es auch auf saurer Unterlage.

Zu den bekannten Frühblühern der mitteleuropäischen Laubwälder zählt das Buschwindröschen (*A. nemorosa* L.) (3). Es eignet sich hervorragend für die Waldpartie. Bekannt ist auch die gefüllte Form var. *plena.*

3
2
1

Gewöhnliches Katzenpfötchen, Zweihäusiges Katzenpfötchen Korbblütengewächse
Antennaria dioica (L.) Gaertn. *Asteraceae*

Das Katzenpfötchen gehört zu den völlig anspruchslosen, Teppiche bildenden Arten. Die einfachen, ganzrandigen Blätter stehen in einer grundständigen Rosette, aus deren belaubte Stielchen sowie überirdisch kriechende, beblätterte Ausläufer in reicher Zahl treiben. Das ganze Gewächs ist seidig behaart. Die aufrechte Sproßachse trägt über den lanzettlichen Blättern rosarote oder weiße Blütenkörbchen. Wie schon der Name verrät, ist die Pflanze zweihäusig, das heißt, daß jede Einzelpflanze entweder nur weibliche oder nur männliche bzw. zwittrige Blüten trägt (3). Als Früchte werden Nüßchen ausgebildet.

Im Steingarten verwenden wir das dankbare Katzenpfötchen an trockenen, vollsonnigen Plätzen mit saurem, magerem Sandboden. Es gedeiht selbst dort, wo sogar das Gras kapituliert. In reicher Humuserde und Halbschatten verliert sich der gedrungene Wuchs und die Stengel schießen in die Höhe.

Zur Vermehrung werden einfach die sich rasch ausbreitenden, wurzeltreibenden Ausläuferrosetten abgetrennt, am besten im Frühjahr oder Herbst. Bei ausreichendem Lebensraum bildet das Katzenpfötchen bald hübsche Silberteppiche.

Das Gewöhnliche oder Zweihäusige Katzenpfötchen *(A. dioica)* (1) findet man in Mitteleuropa sehr häufig an trockenen Standorten, auf Weiden, an sonnigen Hängen oder sogar auf Gebirgsmatten. Die Blütenstiele erreichen 5—15 cm, die Blattrosetten vereinigen sich besonders an vollsonnigen Stellen mit magerem Boden in flache, dichte Silberteppiche.

Für die Gartenkultur wurden mehrere Sorten gezüchtet: 'Tomentosa' mit kräftig behaarten bis weißfilzigen Blättern, 'Rubra', karminrot (2) oder die mit nur 5—8 cm für kleinere Steingärten geeignete 'Minima'.

4

Schon robuster ist die in Nordamerika beheimatete *A. plantaginifolia* (L.) Hook. (4). Die ovalen befilzten Blätter erinnern in ihrer Form an das Laub des Wegerichs. Die blattragenden Stengel werden oft bis zu 40 cm hoch und daher ist diese Art nur für größere Anlagen zu empfehlen. Der uns von April bis Juni erfreuende Blütenstand ist größer als bei der vorher erwähnten Art. *A. plantaginifolia* stellt ebenfalls keinerlei Ansprüche und überzieht nach kurzer Zeit große Flächen, selbst da, wo andere Arten nicht gedeihen.

2

1

3

Zweifarbige Akelei, Spanische Zwerg-Akelei

Hahnenfußgewächse

Aquilegia discolor Lev. et Ler.

Ranunculaceae

Die Akelei besiedelt die gesamte nördliche gemäßigte Zone. Die Gattung zeichnet sich durch zierliche Gestalt und herrliche Blüten verschiedener Färbung aus. Die langstieligen Blätter sind 2—3zählig. Der Kelch der interessanten Akeleiblüte ist bunt gefärbt und ahmt eine Krone nach. Fünf tütenförmig eingerollte Kronblätter laufen in je einen Sporn aus. Dieser ist je nach Art verschieden lang, vielfältig gekrümmt und kann auch fehlen. Die Akeleiarten werden nach ihm unterschieden.

Die Anzucht bereitet keine Schwierigkeiten. Den anspruchslosen Hahnenfußgewächsen genügt normale Gartenerde und ein sonniger oder halbschattiger Platz. Die Vermehrung erfolgt durch Aussaat, oft auch durch Selbstaussaat. Sehr häufig kommt es zu Kreuzungen. Wollen wir also sortenechte Nachkommen, so müssen wir die Pflanze vor Fremdbestäubung schützen oder durch Stecklinge vermehren.

Die Züchter veredelten die Akelei für uns zu zahlreichen Kulturhybriden mit Blüten unterschiedlichster Farbe und Form. Die auffälligen, ziemlich hoch werdenden Pflanzen sind eher für Blumenbeete geeignet, im Steingarten wirken sie unnatürlich und störend.

Unter den zahlreichen Akeleiarten kennen wir auch einige wegen ihres zwergigen Wuchses selbst für kleine Steingärten verwendbare. Zu den typischen Felsenbewohnern rechnet die Zweifarbige Akelei *(A. discolor)* (1), auch Spanische Zwerg-Akelei genannt. Diese nur 10—15 cm messende, aus den Pyrenäen stammende Art hat zweifach dreizählige gestielte Blätter und aufrechte, schwachverzweigte Stengel. Die langgestielten, nickenden Blüten bestehen aus einer gespornten, hellblauen Krone und einem cremefarbenen Kelch. Die Blühzeit erstreckt sich von Mai bis Juni, ja selbst bis Juli. Die Pflanze bringt Balgfrüchte. Eine ähnliche Art ist auch *A. akitensis* Huth.

Wegen ihrer ungespornten Blüten ordnen einige Fachleute *A. ecalcarata* Maxim. (2) in die eigenständige Gattung *Semiaquilegia* ein — *S. ecalcarata* (Maxim.) Sprague et Hutchins. Die in Westchina und Japan beheimatete Akelei wird 15—20 cm hoch und hat neben den etwas kleineren weinroten Blüten feingeteiltes Laub. Sie blüht erst im Sommer, von Juni bis August.

Eine entzückende Zwergakelei der Südalpen und Apeninnen ist *A. bertolonii* Schott (3). Die von April bis Mai, vereinzelt bis in den Juni blühende Art schmücken große blaue Blüten mit kurz gekrümmten Spornen und tiefstehende graugrüne Blättern.

2
3
1

Alpenkresse Kreuzblütengewächse
Arabis caucasica Schlechtend. *Brassicaceae*

Die Gattung *Arabis* zählt ungefähr 100 Arten, die in den Niederungen ebenso wie in den Bergen heimisch sind. Die zu bodenständigen Rosetten vereinten Blätter sind von vielfältiger Gestalt. Einige ausläufertreibende Arten, wie z. B. die genügsame kleinblättrige Schaumkresse (*A. procurrens* W. et K.), breiten sich sehr schnell zu niedrigen Teppichen aus. Die Blüten setzen sich aus 4 Kronblättern zusammen und ergeben eine für alle Kreuzblütengewächse typische Traube.

Die Gänsekresse ist schon seit langer Zeit in Kultur. Zu den meistgezogenen gehört die Alpenkresse (*A. caucasica,* [syn. *A. albida* Stev. ex Fisch.]). Häufiger als die Stammart finden ihre Gartensorten Liebhaber, besonders die gefüllte Form 'Plena' oder 'Variegata' mit weißpanaschierten Blättern. Von feinerem Wuchs ist die Sorte 'Nana'. Normale Gartenerde in der Sonne oder im Halbschatten genügen den meisten Gänsekressen zum guten Gedeihen. In voller Sonne bleiben die Pflanzen kompakter und sind auch blühwilliger. Sie bedecken schnell große Flächen. Auch für die Trockenmauer finden sie Verwendung.

Die Vermehrung bereitet wenig Schwierigkeiten. Meist werden die Pflanzen nach dem Abblühen geteilt, man kann aber auch durch Aussaat oder Stecklinge im Herbst oder zeitigen Frühjahr vermehren. Bei gezüchteten Sorten kommen nur Teilung oder Stecklinge in Frage.

Ein bekannter, wenig anspruchsvoller Steingartenbewohner ist die Alpenkresse *(A. caucasica)* (1). Über der schmückenden Rosette aus graugrünen, ungleichmäßig gezähnten Blättern erhebt sich der 15—20 cm hohe laubtragende Stengel mit einem reinweißen langgezogenen Traubenblütenstand. Blütezeit ist April und Mai. Die Früchte sind lange und schmale Schoten (4).

Sehr ähnlich ist die Hybride *A.* × *arendsii* Wehrh., deren kriechende Ausläufer für schnelles Ausbreiten sorgen. Sie wird in mehreren Kultursorten angeboten. 'Rosabella' ist bezaubernd rosarot (2), 'Coccinea' und 'Atrorosea' haben große, sattrosarote Blüten.

Die kompaktere *A. vochinensis* Spreng. bildet niedrige Teppiche. Interessant ist ihre Sorte 'Variegata' mit weißbuntem Laub (3). Inmitten der kleinen Rosetten aus weißgeränderten Blättern kommen im Frühjahr unzählige veilchenblaue Blütenknospen hervor. Obwohl anfangs sitzend, entfalten sie sich am 5—10 cm langen Stiel und blühen dann weiß.

4

1
2
3

Kreuzsandkraut | Nelkengewächse
Arenaria tetraquetra L. | *Caryophyllaceae*

Die Gattung Sandkraut umfaßt etwa 160 Arten. Diese einjährigen oder ausdauernden Kräuter kann man fast auf der ganzen Erde antreffen. Man erkennt sie an den gegenständigen Blättern und den einzeln oder in lockeren Blütenständen vorhandenen Blüten mit je 5 Kronblättern. Die Kapselfrucht birgt kleine schwarze Samen.

Die Sandkräuter fühlen sich auf gut durchlässigem, humosem und sandigem Boden wohl. Sie gedeihen sowohl auf kalkhaltigem als auch saurem Gestein, obwohl sie in der freien Natur den Kalkuntergrund bevorzugen. Einige Arten lieben pralle Sonne, andere wieder halbschattige bis schattige Partien. Sie bilden kleine niedrige Teppiche oder dichte Zwergpolster.

Die Vermehrung erfolgt aus Samen oder durch Teilung vor oder nach dem Abblühen. Von Juni bis August können wir auch Schnittlinge gewinnen.

1

Eine der niedrigsten Steingartenpflanzen ist das nur 2—3 cm hohe, feste Polster bildende Kreuzsandkraut *(A. tetraquetra)* (1) aus den Pyrenäen und Spanien. Die kleinen kreuzständigen Blätter liegen so übereinander, daß die kurzen Triebe dachförmig vierkantig erscheinen. An den kleinen Zweigenden erscheinen von Mai bis Juli 2—3 weiße Blüten mit 5 Kronblättern. Die auch außerhalb der Blütezeit sehr reizvolle Pflanze gedeiht vorzüglich in Felsritzen, in Travertingestein und eignet sich ebenso für den Miniatursteingarten.

Die liegenden Blattriebe der in den Pyrenäen beheimateten *A. purpurascens* Ram. (3) bilden ebenso schmückende, aber etwas höhere Teppiche. Die rötlichen Stengel enden in hellrosaroten Sternblüten mit 5 spitzauslaufenden Kronblättchen. Sie öffnen sich im Juni oder Juli, selten im August. Die Kapselfrüchte (4) tragende Pflanze gedeiht in voller Sonne, verträgt aber auch leichten Halbschatten.

Auf den Balearen und auf Korsika ist eine der wohl niedrigsten Pflanzen überhaupt, die *A. balearica* L. (2) heimisch. Ihre zahllosen, dicht beblätterten Triebe überziehen moosartig Steine und Gelände. Von Mai bis August erfreuen uns die an dünnen, 3–4 cm hohen Stielchen befestigten weißen Blütensterne. Die oft wandernde Zwergpflanze verlangt Halbschatten bis Schatten und genügend Feuchtigkeit.

4

2

3

Zwerggrasnelke Bleiwurzgewächse
Armeria juniperifolia (Vahl)
Hoffmgg. et Link
syn. *A. caespitosa* (Cav.) Boiss. *Plumbaginaceae*

Für die Gattung *Armeria* sind aus kräftigen Wurzelstöcken sprießende Büschel linearer einnerviger Blätter charakteristisch. Die Blüten stehen am Ende der unverzweigten Stiele zu kugelförmigen Köpfchen. Zurückgebogene Hüllblätter umgeben hautähnlich den kahlen Schaft. Die 5zählige Krone ist unten verwachsen.

Außer der Zwerggrasnelke *A. juniperifolia* bereiten die Grasnelken in Kultur keine Schwierigkeiten. Sie alle verlangen volle Sonne und, wenn möglich, mageren, durchlässigen Sand- oder Steinboden. Bedingung für die Zucht der Kalkflieher ist guter Wasserabzug und saurer Boden. Mittagshitze, vor allem aber winterliche Nässe verträgt die Zwerggrasnelke nicht. In regenreichen Wintern schützen wir sie deshalb mit einer Glasscheibe.

Vermehrt wird durch Teilung nach dem Abblühen, Stecklinge oder Samen.

1

Die Zwerggrasnelke *(A. juniperifolia)* (1), bekannt auch unter dem Namen *A. caespitosa,* ist eine zwergige Steingartenpflanze der Iberischen Halbinsel, in deren Bergen sie in Höhen bis 3000 m vorkommt. Die dichten Polster erreichen in der Blüte nur eine Höhe von 5—6 cm. Die dichten Bodenrosetten breiten sich zu beachtlichen Polstern aus. Im Alter fallen diese oft auseinander und die Pflanze verliert von der Mitte aus ihre Blätter. Die im April und Mai aufbrechenden rosa Blüten bedecken oft völlig das Blattwerk.

Ein schöner Anblick ist die zu den höheren Arten zählende Strandgrasnelke (*A. maritima* [Mill.] Willd.) (2). Sie blüht im Mai und Juni und hat im Herbst oft noch eine zweite Blüte. Sie kommt im Steingarten ohne besondere Pflege gut voran. Ihre Heimat ist Nordwesteuropa und Nordamerika. Dort gedeiht sie an trockenen, sonnigen Plätzen. Im Handel gibt es die Sorten 'Alba', weiß (3), 'Rosea', karminrosa, 'Laucheana', karminrot und weitere.

In größeren Steingärten findet die aus Spanien stammende *A. welwitschii* Boiss. (4) Verwendung. Wohl wegen ihrer Robustheit finden wir sie bisher nur selten im Garten. Sie hat 5 mm breite, 8–10 cm lange Blätter und 20–35 cm hohe Schäfte. Die bis zu 2 cm breiten, reinrosaroten Blütenköpfe halten sich den ganzen Sommer, praktisch bis zum ersten Schnee.

4

Meister, Waldmeister Krappwurzelgewächse
Asperula nitida Sibth. et Sm. *Rubiaceae*

Zur Gattung *Asperula* rechnen wir etwa 90 Arten. Sie sind in Europa, vor allem in Mittelmeerraum, und in Asien verbreitet. Auch in Australien sind Meisterarten anzutreffen. Diese einjährigen bis ausdauernden Kräuter tragen in Scheinwirteln stehende Blätter an aufrechten oder liegenden Stielen. Die endständigen Blüten bilden lockere bis dichte Blütenstände. Die vierzipfeligen Kronen besitzen teilweise recht markante Röhrchen. In der Reife erscheinen Doppelfrüchte.

Für den Steingarten empfehlen sich Hochgebirgsarten, wie z. B. die am häufigsten zu sehende *A. nitida.* Meistens breiten sich diese Arten durch liegende Triebe zu niedrigen Teppichen oder mehr oder weniger dichten Polstern aus. Sie alle sind langblühende Zierden des Steingartens. Wir pflanzen sie an sonnige Plätze in steinige Humuserde mit kräftiger Dränageschicht. Im Winter schützen wir sie durch Abdeckung (Glasscheibe usw.) gegen Feuchtigkeit, die einigen Hochgebirgspflanzen nicht zuträglich ist.

Die Teilung erfolgt zeitig im Frühjahr. Anzucht aus Samen ist möglich, in der Kultur kommt es allerdings kaum zu ihrer Ausbildung.

1

A. nitida (1) kommt vom Olymp im Norden Griechenlands. Sie bildet dichte, nur 3—5 cm hoch werdende, dunkelgrüne Teppiche aus schmalen, an der Spitze grannigen Blättern. Die Pflanze blüht im Juni und Juli mit reichen, hellrosaroten Blütenständen.

Die entzückende, jedoch heikle *A. arcadiensis* Sims (2) stammt ebenfalls aus den Gebirgen Griechenlands. Die sehr nässeempfindliche Pflanze breitet sich zu lockeren, ungefähr 10 cm hohen Graupolstern aus. Die zarten linearen Blätter sind abstehend behaart. Die liegenden Laubtriebe enden in 4—10 Blüten. Auffallend lange Röhrchen zieren die ziemlich großen, doch zierlichen rosa Blüten. Diese kalkliebende Pflanze wird in Felsritzen, geschützt vor der Sonnenhitze, am schnellsten vorankommen.

Lockere, 10—15 cm hohe Polster kennzeichnen die in den Pyrenäen heimische *A. hirta* Ram. Sie zeigt kräftig grüne Blätter und rosaweiße Blüten. Die von Mai bis Juni, manchmal auch länger währende Blüte wiederholt sich oft im Herbst. Die Zuchtform 'Alba' ist reinweiß (3).

2

3

Steinfeder, Braunstieliger Streifenfarn
Tüpfelfarngewächse

Asplenium trichomanes L. emend. Huds. *Aspleniaceae*

Mit Farnen beleben wir die schattigen Winkel im Steingarten. Auch in kleinen Anlagen ist Platz für fast alle Streifenfarnarten. Es sind niedrige, 5, 10, auch 15 cm hoch werdende Zwergfarne.

Farne vermehren sich durch vom Wind verbreitete Sporen. Diese Sporen sammeln sich in Fruchthäufchen an der Unterseite der Blattwedel. Einige Arten besitzen besondere Blätter mit Sporen, die dann fertil genannt werden, andere haben fertile wie auch sterile Blätter (z. B. der Rippenfarn *Blechnum* oder der Trichterfarn *Matteuccia*). Typisch für alle Farne sind die im Jugendstadium spiralig aufgerollten Wedel.

Die Steinfeder liebt im Gegensatz zu den meisten anderen Farnen Trockenheit. Staunässe verträgt er im Winter sehr schlecht, daher sollten wir sie lieber in schattigen Felsenritzen mit etwas humoser Sanderde unterbringen. Wir vermehren sie durch Sporen oder Teilung größerer Büschel im Frühjahr.

A. trichomanes, der Braunstielige Streifenfarn, auch Steinfeder genannt (1), hat einen dicken Wurzelstock, dem die immergrünen gefiederten, 5–20 cm langen Wedel entwachsen. Der Wedelstiel ist dunkelbraun, die dunkelgrünen Einzelblätter rund-eiförmig und gezähnt. An der Unterseite der Fiederblätter sind die Fruchthäufchen in Streifen angeordnet. Seine Heimat sind Felsen, Mauern und steinige Waldböden in Europa, Asien und Amerika.

Der Grüne Streifenfarn (*A. viride* Huds.) ähnelt ihm stark. Die auf Kalkfelsen vorkommende Art unterscheidet sich nur durch ihre längeren Wedel und die Grünfärbung des Wedelstiels.

Ein weiterer Zwergfarn ist der bis 15 cm hoch werdende Gabelstreifenfarn (*A. septentrionale* [L.] Hoffm.) (2). Die überwinternden Wedel sind gabelartig in schmale Einschnitte geteilt. Die Sporangien bedecken fast gänzlich ihre Unterseite. Diesen kalkliebenden Farn können wir sowohl an sonnige als auch an schattige Plätze verpflanzen.

Die Mauerraute (*A. ruta-muraria* L.) (3) ist ein Trockenheit liebender Zwerg mit nur 4–10 cm langen Wedeln. Diese sind 2–3mal gefiedert, wintergrün und tragen längliche Sporangienstreifen (4). Sie wächst wild in Mauerritzen, aber immer auf kalkhaltigem Untergrund und verträgt Schatten wie Sonne.

4

2
3
1

Alpenaster
Aster alpinus L.

Korbblütengewächse
Asteraceae

Die Astern dürften wohl jedem ein Begriff sein. Aus dieser sehr artenreichen Gattung sind eine große Anzahl Gartenhybriden mit den verschiedensten Blüten herausgezüchtet worden. Unter ihnen sind ausdauernde und einjährige Sorten. Die Mehrzahl hat mittleren bis hohen Wuchs und finden als Solitärpflanzen am Rande des Steingartens Verwendung. Bei der Vielfalt der Arten gibt es auch kleine für unseren Steingarten.

Die Astern gehören zu den widerstandsfähigen, völlig anspruchslosen Pflanzen. Sie gedeihen in jeder normalen Gartenerde in der Sonne oder im Halbschatten. In ärmeren Böden mit stärkerer Sonneneinstrahlung bleiben sie niedriger und dadurch geeigneter für einen Steingarten.

Wir vermehren problemlos durch Teilung, die Wildarten können auch aus Samen gezogen werden.

3

In keinem Steingarten darf die bekannte Alpenaster *(A. alpinus)* (1) fehlen. Die graugrünen, behaarten Blätter umgeben basal den kaum beblätterten, 10—20 cm hohen, in einem großen Blütenkorb endenden Stengel. Der Flor erscheint im Mai und Juni. Die Alpenaster wächst wild auf den steinigen oder grasbewachsenen, sonnenbeschienenen Hängen der Gebirge Europas, Asiens und Amerikas. Den Züchtern verdanken wir eine Reihe in der Blütenfarbe unterschiedlicher Sorten: Die weißblühende 'Albus', die himmelblaue 'Rex', die rosarote 'Superbus' (2) und viele weitere.

Die Zwergaster (*A. andersonii* A. Gray) (3) aus Nordamerika gehört zu den kleinsten. Die im Juni erblühende, nur 5—7 cm hohe Pflanze trägt an liegenden Sprossen hellgrüne, wechselständige Blätter. Sie stellt keinerlei Ansprüche und breitet sich oft sehr stark aus, was wir bei der Platzwahl im Steingarten berücksichtigen müssen. Nach kurzer Zeit bildet sie schmückende sattgrüne Teppiche, die besonders in der Blüte bezaubern.

Die nordamerikanische Kissenaster (*A. dumosus* L.) (4) dürfen wir nicht vergessen. Der kompakte halbkugelförmige Zwergstrauch hüllt sich im Herbst förmlich mit Blüten ein. Für den Steingarten nehmen wir nur die niedrigsten der mannigfaltigen, von 15 bis 30 cm messenden Kulturformen. Die reiche Blüte von September bis Oktober erfreut besonders, da zu dieser Zeit kaum noch etwas blüht.

1 2 4

Silber-Bergberberitze
Berberis candidula Schneid.

Berberitzengewächse
Berberidaceae

Die Gattung *Berberis* mit ihren rund 200 Arten ist in Europa, Asien, Nordamerika und Afrika verbreitet. Die winter- oder sommergrünen Zwerg- bis Großsträucher haben in Dornen verwandelte Blätter, in deren Achseln Kurztriebe mit Blattbüscheln stehen. Die gelben bis orangefarbenen Blüten stehen einzeln, in Büscheln oder in hängenden Trauben. Die ovalen Beerenfrüchte können rot oder blau bis rotblau sein. Die einfache Kreuzung ließ viele Kulturhybriden entstehen. Die bescheidenen Gehölze wachsen in jeder normalen Gartenerde an sonnigen oder halbschattigen Plätzen. In strengen Wintern können sie auch erfrieren, kommen aber im Frühling wieder.

Die Berberitzen vermehren sich leicht durch Samen, die im Herbst oder nach dem Überwintern in feuchtem Sand (der sog. Stratifikation) im zeitigen Frühjahr ausgesät werden. Sorten müssen allerdings durch gut wurzelnde Stecklinge vermehrt werden. Bei sommergrünen Arten gewinnt man im Juni oder Juli Blattstecklinge, den wintergrünen entnehmen wir härtere Stecklinge im August/September oder auch im Oktober/November.

Die immergrüne Silber-Bergberberitze *(B. candidula)* (1) erreicht eine Strauchhöhe von etwa 50 cm und eine Breite von rund 60 cm. Die kleinen, einfachen Blätter sind oberseits glänzend sattgrün, unten weißsilbrig und haben einen grobgezähnten, stachelbewehrten Rand. Die hellgelben Einzelblüten erscheinen im Mai und Juni und reifen zu blauen Beeren heran.

Sehr schmückend ist die laubabwerfende, 1 – 1,5 m hohe Blutberberitze (*B. thunbergi* DC.) Ihre winzigen, ungeteilten, ganzrandigen und sehr variablen Blätter nehmen im Herbst eine zauberhafte Rotfärbung an. Im Mai öffnen sich gelbe Blüten. Die Früchte sind hellrote, ovale Beeren (3).

4

1

Recht häufig findet man die Hybride 'Atropurpurea' (2), die vor allem für größere Steingärten geeignet ist. Im Jugendstadium sind die Blätter hellrot, später dunkeln sie nach, um sich im Herbst karminrot zu verfärben. Dieser in Farbe und Form schmückende Strauch läßt sich wegen seiner ausgezeichneten Schnittverträglichkeit als Solitär oder für Hecken verwenden.

Im Steingarten bewährt sich dagegen die nur 30 cm hochwerdende Sorte 'Atropurpurea Nana'.

Aus China kommt die immergrüne Blaublatt-Zwergberberitze (*B. verruculosa* Hemsl. et Wils.) (4). Einzelstehende, gelbe Blüten entfalten sich im Mai und Juni. Die anfangs purpur-violetten Früchte werden später schwarz.

2

3

Pantoffelblume
Calceolaria biflora Lam.

Braunwurzgewächse
Scrophulariaceae

Zwar umfaßt die Gattung der Pantoffelblumen etwa 300 Arten, doch nur wenige von ihnen fanden bisher Eingang in die Steingärten. Ihr Hauptverbreitungsgebiet sind die Gebirgsgegenden Südamerikas und Neuseelands. Viele wunderschöne Zwerge unter ihnen, wie *C. darwinii* Benth., *C. tenella* Poepp. et Endl., *C. umbellata* Wedd., findet man in Kultur nur vereinzelt in den Treibhäusern. In Patagonien und auf den Falkland-Inseln beheimatet ist die bislang nur selten kultivierte *C. forthergilii* Sol., die wohl unter günstigen Umständen auch im Freien überwintern könnte. Die Schatten und gute Dränage verlangende Art wird etwa 10 cm hoch und hat neben behaartem Laub einzelstehende, rotgepunktete Blüten in gelber Farbe. Wir kennen auch einige Sommerblüher unter den Pantoffelblumen, wie z. B. die aus den mexikanischen Gebirgen stammende *C. mexicana* Benth. Sie trägt kleine, goldene Blüten und ist völlig anspruchslos.

Die verbreitetsten und auch am einfachsten zu handhabenden Arten sind *C. biflora* und *C. polyrrhiza.*

Alle Pantoffelblumen fallen durch ihre zweilippige Blüte auf. Unter der kleinen Oberlippe steht die deutlich vergrößerte, an ein Pantöffelchen erinnernde Unterlippe. Im Steingarten setzen wir sie an einen geschützten Platz im Schatten oder Halbschatten. Sie erfordern gut durchlässiges, humoses, sandiges und saures Erdreich. Winterschutz ist ratsam. Die leicht aus Samen anziehbaren Pflanzen säen sich zeitweise selbst aus und verbreiten sich mit dem Wind in die entferntesten Gartenwinkel. Es kann auch durch Teilung vermehrt werden, und zwar im März und April.

Gelbe Pantöffelchen wiegen sich an dünnen Stielen der in Chile und Argentinien beheimateten, zartgebauten *C. biflora* (1). Breitovale bis runde, ganzrandige Blätter vereinigen sich zu einer dem Boden eng anliegenden Rosette. Aus der Rosettenmitte erwachsen mehrere 10–15 cm hohe Stiele, die ein oder zwei rotgesprenkelte, bis 15 mm große, gelbe Blüten tragen. Der Flor dauert von Mai bis Juni, ja oft bis Juli und verwandelt sich dann in zweifächerige Kapseln (3) mit einer Unmenge feiner Samen.

Aus Patagonien stammt *C. polyrrhiza* Cav. (2). Lanzettliche, ganzrandige und bis zu 10 cm lange Blätter bilden eine grundständige Rosette. Die im Juni/Juli sich öffnenden, gelben Blüten zeigen eine rotgepunktete, stark ausgebauchte Unterlippe. An guten Plätzen breitet sie sich durch kriechende Ausläufer leicht aus. Wesentlich größere Blüten bringt die Gartensorte 'John Innes' hervor, die aber wegen ihrer Empfindlichkeit guten Winterschutz benötigt.

3
1
2

Zwerg-Glockenblume, Zwergglocke

Glockenblumengewächse

Campanula cochleariifolia Lam.

Campanulaceae

Glockenblumen sollten in keinem Steingarten fehlen. Selbst wenn wir uns für die zwergigen Arten der an Wuchsformen so reichen Gattung entscheiden, steht eine stattliche Zahl zur Auswahl. Etwa 250 Arten der Glockenblume besiedeln die gesamte nördliche Halbkugel. Diese meist ausdauernden Pflanzen können neben ganz niedrigem Wuchs auch zu beachtlicher Höhe gelangen. Sie besitzen einfache Blätter, belaubte Stengel und einzelne oder zu verschiedenartigen Blütenständen vereinigte Glockenblüten. In den Kapselfrüchten sitzen unzählige Samen.

Glockenblumen vermehren wir durch Samen, Teilung oder Stecklinge. Vor Schnecken und anderen Weichtieren müssen sie mit Schädlingsbekämpfungsmitteln geschützt werden.

Die Zwerg-Glockenblume *(C. cochleariifolia)* (1), in der älteren Literatur oft als *C. pusilla* Haenke bezeichnet, gehört zu den gut gedeihenden, reich und lange blühenden Arten. Die niedrige, 5—10 cm erreichende Pflanze hat einzeln oder doppelt stehende, nickende Blüten, die von Juni bis August zu bewundern sind. Die himmelblaue Krone ist 1,2—2 cm lang und trägt kurze Zipfel. Ihre Wildheimat sind die europäischen Gebirge, wo sie auf Kalkgeröll und Felsen vorkommt. Im Steingarten werden ihre frischgrünen, besonders während des Flors effektvollen Teppiche schnell zur Plage, da sie sich sehr rasch ausbreiten und die dünnen Ausläufertriebe selbst Steine unterwachsen. Wir pflanzen sie deshalb an solche Orte, wo sie keine anderen Pflanzen bedrängen können. Es gibt zahlreiche großblumige und auch gefüllte Gartenformen, die meist weißblütig (2) sind.

4

Wunderbare, große Blüten hat *C. tridentata* Schreb. (3). Sie wird 10—15 cm hoch und trägt schmale, ganzrandige Blätter mit drei schwachen Zähnchen an der Spitze. Aus der vielblättrigen Bodenrosette kommen die in mehrere große Einzelblüten endenden Stengel hervor. Die hellblaue Krone ist in der Mitte weiß. Manchmal wiederholt sich die von April bis Mai dauernde Blüte nochmals im Spätsommer. Wir setzen sie in eine gute, humusreiche Gartenmischung abseits der prallen Sonne.

Völlig andere Blüten zeigt die Sternpolsterglocke *C. elatines* L. (4). Ihre liegenden bis aufsteigenden, ungemein zarten Sprosse bilden mit blauvioletten Sternchenblüten übersäte Kissen. Am besten wachsen sie in halbschattigen Felsspalten.

3

2

1

Polstersegge, Zwerg-Polstersegge Riedgrasgewächse
Carex firma Host *Cyperaceae*

Den grasähnlichen Seggen begegnen wir häufig an Teichufern und anderen sumpfigen Plätzen. Der Gattung gehört eine große Zahl in Habitus und ökologischen Ansprüchen unterschiedlicher Arten an. Wir finden sie nicht nur in den Hochgebirgen oder arktischen Weiten, sondern auch im Flachland in Torfmooren, auf nassen Sauerwiesen, Sümpfen oder Sandflächen. Jeder Gartenteil hat somit seine Seggenarten. Einige von ihnen bilden dichte Zwergkissen, andere hohe Horste oder wieder andere breite grüne Teppiche. Die Blüten können ein- oder zweihäusig, zu einer oder mehreren Ährchen vereint, zwittrig oder getrenntgeschlechtig sein. Die Achänenfrucht ist in einer Art Balg eingeschlossen. In der Blütezeit erfreuen uns die zierenden, großen Staubbeutel, die an dünnen Staubfäden sich im Winde wiegen. Die günstigste Zeit für das Teilen der Büsche ist der Frühling.

Die Polstersegge *(C. firma)* bildet feste und dichte Polster. 5—10 cm hohe Halme tragen über den 2—3 stieligen weiblichen Ährchen eine keulenförmige, die männlichen Blüten vereinende Ährenspitze. Die Polstersegge stammt aus der subalpinen Höhenstufe der europäischen Berge, wo sie hauptsächlich auf kalkhaltigem Untergrund gedeiht. Wir verwenden sie daher im Kalk-Steingarten an vollsonnigen Standorten. Am besten gefällt dieser Pflanze eine Steinritze mit Humuserde. Eine sehr schmückende und oft gezogene Sorte ist 'Variegata' (1) mit buntem Laub.

Durch dichte Büsche und schmale, lediglich 2 mm breit werdende Blätter zeichnet sich *C. montana* L., die Bergsegge (2) aus. Die 2—4 Ährchen tragenden Halme überragen bald die Blätter. Außer der endständigen männlichen Ähre sind alle übrigen weiblich. Wir setzen die im April und Mai blühende Segge in humusreiche Erde in die volle Sonne, damit sie niedrig bleibt. Sie breitet sich dann rasch nestartig aus.

Die in den wärmeren Gebieten Mitteleuropas heimische Vogelfuß-Segge (*C. ornithopoda* Willd.) besiedelt lichte Kiefernwälder mit kalkhaltigem Boden. Ihre Kulturform 'Variegata' schmückt sich mit weißgelb gestreiftem Laub (3).

Zierende Fruchtstände machen die aus Nordamerika kommende Morgenstern-Segge (*C. grayi* Carey) (4) interessant. Am Weiherufer kommt diese 50—70 cm hohe Seggenart besonders gut zur Geltung. Die schmückenden Früchte nimmt man auch für Trockensträuße.

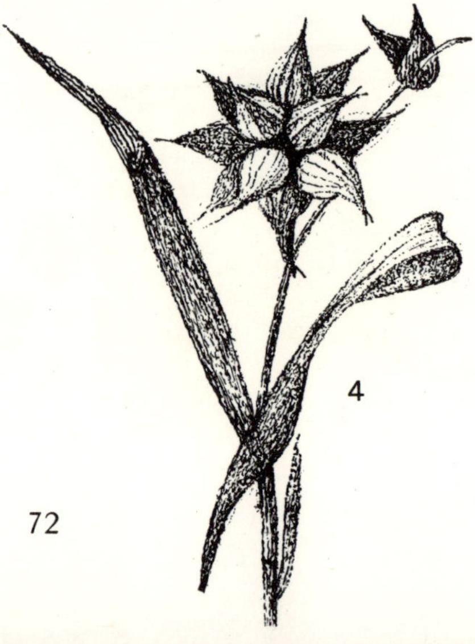

4

1 2 3

Filziges Hornkraut
Cerastium tomentosum L.

Nelkengewächse
Caryophyllaceae

Für den Steingarten besteht unter den Hornkräutern nur wenig Auswahl, obwohl die Gattung mehr als 100 Arten umfaßt. Die Pflanzen haben gegenständige, ganzrandige, mehr oder weniger behaarte Blätter und zierliche weiße Blüten mit vorn tief ausgeschnittenen Kronblättern. Die Frucht ist eine zylindrische Samenkapsel (4). Im Steingarten werden am häufigsten *C. tomentosum* und *C. biebersteinii* angepflanzt. Beide Arten breiten sich sehr schnell aus und bedecken bald große Flächen. In verschwenderischer Zahl öffnen sich im Mai und Juni große weiße Blüten, doch auch außerhalb der Florzeit erfreuen uns ihre silbriggrauen, schmalen zierlichen Blätter, die beidseitig mit dichten, einfachen Haaren bewachsen sind.

Wir geben ihnen einen sonnigen, trockenen Platz mit sehr magerem Boden. Beide Arten eignen sich für Trockenmauern und steinige, kaum fruchtbare Stellen, wo sie mit Erfolg den Rasen ersetzen.

Das Hornkraut vermehrt man am einfachsten durch Samen. Wir säen gegen Ende des Winters oder zeitig im Frühjahr. Auch Vermehrung durch Teilung oder im Herbst durch geschnittene Stecklinge ist möglich.

3

Das 20—35 cm hohe Filzige Hornkraut *(C. tomentosum)* (1) stammt aus Italien. Meist wird die schwachwüchsigere, nur 10—15 cm erreichende var. *columnae* (Ten.) Arc. gepflanzt. Dieses Hornkraut eignet sich wegen seines bescheidenen Aufretens auch für kleinere Steingärten. Im zeitigen Frühjahr muß es stark zurückgeschnitten werden, soll es seinen schönen und kompakten Wuchs behalten.

Das um vieles wüchsigere Kaukasus-Hornkraut (*C. biebersteinii* DC.) (2) aus der Ukraine ähnelt ihm sehr. Es breitet sich allzu üppig aus und bezwingt mit seinen dünnen, kriechenden Ausläufern, die rasch Wurzeln fassen, selbst große Steine. Wollen wir es ausmerzen, müssen wir sorgfältig jedes Triebstückchen aus dem Boden ziehen. Für kleine Steingärten ist es ungeeignet.

Ganz anders ist das Alpen-Hornkraut, (*C. alpinum* L.) (3). Die gesamte, 5—10 cm hohe Pflanze ist wellenartig behaart. Am Ende des kurzen Stengels brechen im Mai und Juni große weiße Einzelblüten auf. Das Alpen-Hornkraut ist auf Geröllhalden und in den Felsen der Pyrenäen, Alpen, Karpaten, auf dem Balkan und im Altai, aber auch in der arktischen Zone Nordamerikas und Skandinaviens beheimatet. In unseren Steingärten dürfte es am besten in Nischen zwischen den Steinen mit Sonne gedeihen. Eine gute Dränage ist erforderlich. Der steinigen Erde beigemischter Torfmull hält die Wurzeln ständig feucht. Dieses Hornkraut verlangt aufmerksame Pflege.

Zwergmuschel-Scheinzypresse Zypressengewächse
Chamaecyparis obtusa (Sieb. et Zucc.)
Sieb. et Zucc. ex Endl. *Cupressaceae*

Scheinzypressen findet man in Nordamerika, Japan und auf Taiwan. Aus den als hohe Bäume bekannten Stammarten zauberte der Züchterfleiß eine ganze Reihe auch für kleine Steingärten geeigneter Zwergsorten. Die Gehölze stellen im allgemeinen keine Ansprüche, einige sind jedoch von zu geringer Widerstandskraft. Die härtesten sind *C. nootkatensis* (D. Don) Spach und *C. pisifera* (Sieb. et Zucc.) Sieb. et Zucc. ex Endl., die auch schon einmal Frost vertragen. Ebenfalls hart ist C. *lawsoniana* (A. Murr.) Parl., in offenen Talkesseln kann es bei ihm aber zu Frostschäden kommen. Die heikelste Art ist *C. obtusa.* der außer stärkeren Frösten auch zu große Hitze oder Trockenheit schadet. Zu den schönsten niedrigbleibenden Kultursorten gehören die zwergige 'Nana' und die nur wenig größere 'Nana Aurea' mit gelben Zweigspitzen. Etwas feuchter liebt es die *C. pisifera.* Aus der Sortenvielfalt können wir nicht nur nach Größe, sondern auch nach Blattfarbe wählen. Es werden sehr zierliche Zwergsorten angeboten, wie 'Tsucumo', 'Pygmaea', 'Mico' mit weißen Zweigspitzen und andere.

Scheinzypressen fühlen sich in humoser, nährstoffreicher Erde und in leichtem Halbschatten wohl. Pralle Sonne bekommt ihnen nicht. Schnittlingsvermehrung kann im Juli oder August erfolgen. Die schwerwurzelnden Arten veredeln wir im Mai und Juni auf *C. lawsoniana.*

1

Zu den meistverwendeten Kulturformen der Zwergmuschel- Scheinzypresse *(C. obtusa)* gehört 'Nana Gracilis' (1). Der unregelmäßig kegelförmige Zwerg wird nach vielen Jahren 2 m hoch. Dichtes Gezweig scheint Muscheln zu bilden (2). Golden schimmernde Nadeln hat die noch langsamer wachsende Form 'Nana Gracilis Aurea'.

Die interessante, kegel- bis kugelförmige Sorte der *C. pisifera* 'Squarrosa Dumosa' (3), hat gekrümmt abstehende, graugrüne Nadeln. Die ganz langsam wachsende Form ist auch in kleinen Steingärten zu gebrauchen. Die schönste Form und Nadelfarbe bewahrt sich im feuchten Sandboden.
Robuster und ins Auge fallend ist 'Filifera Aurea' mit langen, dünnen, überhängenden Zweigen, an denen goldgelbe, nadelförmige Schuppenblätter (4) sitzen. Anstatt der breitkegeligen Form wählen wir für kleine Steingärten besser die Sorte 'Filifera Aurea Nana' aus.

2

4

3

Schneestolz, Schneeglanz Liliengewächse
Chionadoxa luciliae Boiss. *Liliaceae*

Der in den Gebirgen Kleinasiens beheimatete Schneestolz ist ein schönes, wenig anspruchsvolles Zwiebelgewächs. Den ziemlich kleinen, weißgrauen Zwiebeln entsprießen in den ersten Frühlingswochen mehrere lineare Blätter sowie der in einer einseitigen Traube endende Blütenschaft. Die glockenförmigen Blüten setzen sich aus sechs Blütenblättern zusammen. Als Früchte reifen kugelige Samenkapseln heran.

Im zeitigen Frühjahr entfaltet der Schneestolz seine Blüten, um schon im Juni einzuziehen. Diese herrlichen Frühblüher sind leicht zu halten. Guter Humusboden und feuchter Standort genügen ihnen. Wir stecken einige Zwiebeln verteilt im Steingarten, auf die Bergwiese, unter Sträucher. Der Schneestolz verträgt sowohl Sonne als auch mäßigen Schatten gut.

Die Zwiebeln stecken wir im Herbst 5 cm tief und im Abstand von 6–8 cm. Wir vermehren mittels Brutzwiebeln oder Samen, die ohne Verzug ausgesät werden. Der Schneestolz sät sich oft selbst aus und verwildert. Ein fleischiges Anhängsel der Samen, die sogenannte Samenwarze, stellt für die Ameisen einen Leckerbissen dar, so daß dank ihnen der Schneestolz auch in die entlegeneren Gartengegenden gelangt.

Der Schneestolz oder Schneeglanz *(C. luciliae)* (1) hat 2–3 lineare, rinnige Blätter, aus deren Mitte ein 10–15 cm hoher Stiel mit mehreren 1,5–2 cm großen Blüten emporwächst. Die leuchtendblauen Blütenblätter gehen zur Blütenmitte ins Weiße über. Blütezeit ist März, auch April.

Neben der Wildart kennen wir noch einige wirklich schöne Form, z. B. var. *alba,* weißblühend oder var. *rosea,* rosa mit weißer Mitte. Die Kultursorte 'Pink Giant' trägt größere Stände blauer oder rosafarbener Blüten (2).

Etwas niedriger ist der Enzian-Schneestolz (*C. sardensis* Barr et Sugd.) (3). Er fällt durch noch leuchtendere, zierliche, kräftig- bis dunkelblaue Blüten mit kleinem weißem Auge auf. Auch hier gibt es weiß- und rosablühende Sorten. Alle Arten sind untereinander mischbar, so daß sich in den Gärten oft allerlei Übergangsformen finden.

1
2
3

Weiße Polarmargerite, Nordlandsmargerite

Korbblütengewächse

Chrysanthemum arcticum L.

Asteraceae

Unter den 600 Arten der Gattung *Chrysanthemum* sind einjährige wie ausdauernde Pflanzen. Einige sind niedrig und für den Steingarten verwendbar, die meisten sind jedoch hochaufragende, in voller Schönheit prangende Gartenblumen. Die vielen herrlichen Sorten eignen sich leider überhaupt nicht für unsere Zwecke.

Die Margeriten zieren am Ende des Stengels einzelstehende oder zu Blütenständen gruppierte Blütenkörbchen. Die Blüten innerhalb der Scheibe sind meist gelb und röhrig (3). Die Zungenblüten sind symmetrisch (4), manchmal fehlend. In der Reife entstehen flaumlose Nüßchen.

Die wenig anspruchsvollen Margeriten, auch als Wucherblumen bekannt, ziehen wir bei voller Sonne in nährstoffreichem Humusboden.

Sie lassen sich durch Anzucht aus Samen oder Teilung (am besten noch vor der Blüte) vermehren.

Gern genommen wird die niedrige Steingartenart Weiße Polarmargerite, *(C. arcticum)* (1), deren Heimat das nördliche Europa, Nordamerika und das nördliche Asien ist. Die kriechenden Stengel tragen tief eingeschnittene, zur Wurzel hin gestielte, dunkelgrüne Blätter. Gelbe Scheibenblüten und weiße Zungenblüten bilden große Blütenkörbchen. Diese im September oder Oktober erscheinende Pracht ist besonders willkommen, zählt doch im Spätherbst jede Blüte im Garten. Mit einer Höhe bis zu 30 cm ist die Polarmargerite eher für größere Steingärten geeignet. Dort bildet sie schnell lockere Zierteppiche. Zwar ist sie völlig winterfest, doch kommt sie in Lagen mit zeitigen Bodenfrösten nicht mehr zur Blüte. Schön sind auch die rosarot blühende Sorte 'Roseum' und die gelbe 'Schwefelglanz'.

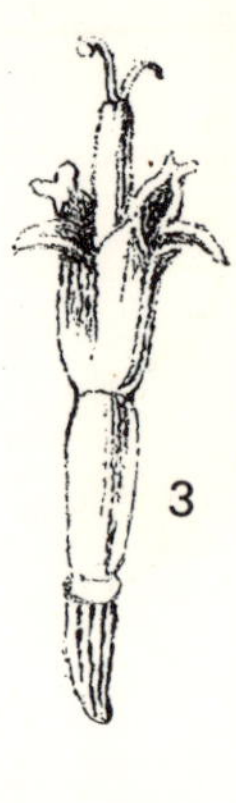

3

4

Aus den europäischen Hochgebirgen stammt die nur 10—15 cm hochwerdende Alpenmargerite (*C. alpinum* L.) (2). Die fiederschnittigen Rosettenblätter sind oberseits dunkelgrün und unterseits graugrün. An aufrechten, unverzweigten Stengeln öffnen sich von Juli bis August einzelne, im Durchmesser 2—4 cm große Körbchen. Die Alpenmargerite gedeiht auf saurem Geisten, auf steinigen Kahlflächen und Steinschutt im subalpinen Höhenbereich.

Im Steingarten verlangt die sehr anspruchsvolle Hochgebirgspflanze sauren Boden und kühle Lage.

2
1

Alpenwaldrebe, Alpenrebe Hahnenfußgewächse
Clematis alpina (L.) Mill *Ranunculaceae*

Die Gattung *Clematis* steht schon längere Zeit im Mittelpunkt des Züchterinteresses. Wiederholte Kreuzungen brachten eine Vielfalt großblütiger und auffälliger Sorten hervor. Diese in allen Farben von Weiß über Rot, Tiefblau bis Violett leuchtenden Formen werden als Clematis-Hybriden zusammengefaßt.

Für den Steingarten eignen sich eher die natürlichen Stammarten, die eine effektvolle Wand im Hintergrund bewachsen können. Gepflanzt wird in humusreiche Sanderde in geschützter, sonniger bis halbschattiger Lage. Neben der Alpenwaldrebe *(C. alpina)* erscheint dafür besonders die anspruchslose *C. montana* Buch.-Ham. ex DC. mit duftenden weißen bis rosa getönten Blüten oder ihre rosarote Kultursorte 'Rubens' geeignet. Auch die großen, nickenden Blüten von *C. tangutica* (Maxim.) Korsh. bilden einen wunderschönen Hintergrund. Diese sich stark ausbreitende Art blüht goldgelb von Juni bis in den Herbst hinein.

Bei der Waldrebe beobachten wir einen interessanten Blütenaufbau. Vier farbige Kelchblätter ersetzen die entweder fehlende oder stark zurückgebildete Krone. Einige Arten tragen an schlanken Stielen oder Ranken nickende Einzelblüten. Die Früchte haben lange Federanhänge (2,4).

Die Wildarten kann man aus Samen ziehen, den Kreuzungen entnehmen wir im Juni oder Juli Blattstecklinge.

Eine sehr schöne, sich an Bäumen und Felsen emporrankende, bis zu 3 m Länge erreichende Kletterpflanze ist die Alpenrebe oder auch Alpenwaldrebe *(C. alpina)* (1). Von Mai bis Juli zieren sie blaue Glockenblüten. Sie gedeiht auf Felsen und Geröll, im Gebüsch der Waldränder, meist auf kalkhaltigem Untergrund und bevorzugt in den Gebirgslagen von Europa bis in die sibirischen Weiten.

Eine der hervorragendsten Steingartenarten ist die durch ihre Blüten wie Früchte besonders schöne Himalaja-Waldrebe (*C. macropetala* Ledeb.) (3). Die aus Nordchina, der Mandschurei und Sibirien stammende Staudenwaldrebe bringt von Mai bis Juni zahlreiche, bis zu 10 cm große lila Einzelblüten hervor.

4

3
2
1

Riesen-Herbstzeitlose Liliengewächse
Colchicum bornmuelleri Freyn *Liliaceae*

Im Herbst erfreuen uns die auffallend großen Blüten der Herbstzeitlosen. Die etwa 60 Arten sind vor allem im Mitelmeergebiet verbreitet. Ihre Blüten werden bis zu 20 cm lang, wenn wir die größtenteils unterirdische Blütenblattröhre mitrechnen. Die rosa bis violetten Blüten sind bei den zahlreichen großblütigen Hybriden zu ausdrucksvollen, auch weißen Farben hochgezüchtet. Zu den herrlichsten gehört die gefüllte 'Water Lily'.

Im Garten begegnen wir am häufigsten *C. autumnale* und *C. bornmuelleri.* Wir geben ihnen gute, nährstoffreiche Gartenerde. Gepflanzt wird zeitig im Herbst, nach dem Einziehen der Blätter, je nach Knollengröße 10—15 cm tief. Nach dem Pflanzen ist reichliches Gießen erforderlich. Außer der Feuchtigkeit vertragenden *C. autumnale* lieben die Zeitlosen im Sommer Trockenheit. Wir wählen daher eine vollsonnige Pflanzstelle aus.

Die Zeitlosen vermehren wir durch die bei nährstoffreichem Boden in genügender Zahl sich bildenden Brutzwiebeln. Mit der Zeit stehen die Pflanzen so dicht, daß sie zu blühen aufhören. Die Knollen müssen dann im Juli aus der Erde genommen und verpflanzt werden. Anzucht aus Samen ist nur bei den Stammarten möglich.

Aus Kleinasien stammt die Riesen-Herbstzeitlose *(C. bornmuelleri)* (1). Rosa Knospen öffnen sich zu auffälligen und großen, rosalila gefärbten Blüten mit weißer Mitte.

Auf feuchten Wiesen und unter Erlen gedeiht die europäische Herbstzeitlose (*C. autumnale* L.) (2). Aus der recht kleinen Knolle entwicklen sich mehrere zartviolette Blüten. In den Gärten finden wir verschiedene, meist weißblühende Kultursorten: Die kleinblühende, weiße 'Albiflorum', die gefüllte Form 'Albiplenum' oder die gefüllte lilafarbene 'Plenum'.

Die an Zwiebeln erinnernden Knollen der Zeitlosen sind von einer ledrigen Schale umhüllt (3). Im Herbst erscheinen nur die Blüten, da die auffällig großen, hellgrünen Blätter (4) sich erst im Frühjahr entwickeln. Sie verdecken die dreifächerige, Kugelsamen enthaltende Fruchtkapsel (5). Die Blätter trocknen im Spätsommer ein und wirken dann nicht gerade schön. Wir dürfen sie jedoch nicht abschneiden, da sonst die Knolle geschwächt würde. Die Zeitlosen gehören daher an einen Platz, wo sie nicht im Blickfang stehen.

5

1
2
3
4

Chinesischer Farnlerchensporn *Corydalis cheilanthifolia* Hemsl.

Mohngewächse *Papaveraceae*

Es gibt rund 90 Lerchenspornarten. Meist haben sie fein geteilte Blätter und stark symmetrische, gespornte Blüten in lockeren Trauben. Die Früchte sind kurze Kapseln. Die meist schattenliebenden Pflanzen sind einfach zu halten. Da sie in lichten Wäldern heimisch sind, geben wir ihnen einen Platz unter Bäumen oder Sträuchern. Sie gedeihen in humoser und lockerer Graserde an einem etwas feuchteren Standort.

Wir vermehren durch Aussaat direkt nach der Samenreife. Die Samen besitzen ausgezeichnete Keimfähigkeit, auch säen sich die Lerchensporne unter günstigen Bedingungen selbst aus. Um ein Überhandnehmen zu verhindern, schneiden wir die verblühten Traubenstände rechtzeitig vor der Reife ab.

In lichten und humosen Wäldern Zentraleuropas gehört der Feste oder Finger-Lerchensporn (*C. solida* [L.] Clairv.) (3) zu den typischen Frühlingsboten. Die kleine, rundliche gelbgefärbte Knolle (4) bringt graugrüne Blätter und violett angehauchte rosa, selten weißliche Blüten hervor. Nach dem von März bis April dauernden Flor zieht die Pflanze im Mai bereits wieder ein. Kaum von ihr zu unterscheiden ist der Hohle Lerchensporn (*C. cava* [L. L. emend Mill.] Schw. et Koerte). Außer an der hohlen Knolle (5) erkennt man ihn noch an den ungeteilten Tragblättern der Blüte. Beide Arten bilden zusammenhängende Bestände. Im Steingarten finden meist *C. cheilanthifolia* und *C. lutea* Verwendung.

Interessant ist der in China beheimatete, 20—30 cm hohe Chinesische Farnlerchensporn *(C. cheilanthifolia)* (1). Seine hellgrünen Blätter erinnern mit ihrer feinen Teilung an Farnwedel. Sie sind immergrün und nehmen im Winter eine schwachbronzene Tönung an. Die Blätter machen den Hauptschmuck von *C. cheilanthifolia* aus, denn die von April bis Mai sich zeigenden blaßgelben Blüten sind unscheinbar. Bei großer Staunässe im Winter kann die Pflanze eingehen, was wir durch eine sorgfältige Abdeckung verhindern.

Zu den ebenso anspruchslosen Lerchenspornarten, die sich durch Selbstaussaat derartig verbreiten können, daß sie zur Plage werden, gehört der aus Südeuropa stammende Gelbe Lerchensporn (*C. lutea* [L.] DC.) (2). Diese Pflanze bildet aus ihren hellgrünen feingeteilten Blättern und den zahlreichen von Frühling bis in den Herbst mit kurzen reingelben Blütentrauben verzierten Stengeln dichte kugelige, 20—30 cm hohe Büschel. In schotenähnlichen Kapselfrüchten reifen viele schwarzglänzende Samen heran.

4
5
1
3
2

Fächerfelsenmispel, Zwergmispel Rosengewächse
Cotoneaster horizontalis Decne *Rosaceae*

Die Mispeln sind Laubgehölze der verschiedensten Wuchsformen. Wir können zwischen ganz niedrigen, kriechenden Arten oder solchen, die bis zu 3 m hoch werden, wählen. Es gibt unter ihnen laubabwerfende und wintergrüne Vertreter. Die kleinen weißen bis rosa überlaufenen Blüten kommen einzeln oder in Blütenständen vor. Aus ihnen entwickeln sich rot- oder schwarzgefärbte, unscheinbare, kugelige Apfelfrüchtchen, Mispeln genannt.

Die Felsenmispeln begnügen sich mit normaler, durchlässiger Gartenerde und einem Platz in voller Sonne. Sie bevorzugen trockenere Standorte. Schon beim Pflanzen müssen wir mit dem erheblichen Platzbedarf des ausgewachsenen Gehölzes rechnen. Die Vermehrung der kriechenden Arten ist recht einfach. Die bei Bodenberührung sofort wurzelnden Zweige brauchen nur abgeschnitten und mit den Wurzeln verpflanzt zu werden. Auch die Stecklingsvermehrung hat sich bewährt. Bei den sommergrünen Arten nehmen wir die grünen Stecklinge im Juni, bei den wintergrünen im Juli. Im August schneiden wir ausgereifte Stecklinge der immergrünen. Meistens vermehrt sich die Zwergmispel durch Selbstaussaat.

Die Fächerfelsenmispel *(C. horizontalis)* ist ein aus China stammender immergrüner bis laubabwerfender Strauch. Die häufig in Gärten zu sehende Art kommt nur für größere Steingärten in Betracht, da sie sehr in die Breite wächst.

Typisch für den Strauch ist die an Fischgräten erinnernde Zweigstellung. Von Mai bis Juli zieren ihn kleine rosafarbene Blütchen (2), die im Herbst vom prächtigen, reichen, roten Beerenschmuck abgelöst werden (1).

Zu den kriechenden Zwergmispelarten gehört die wintergrüne Teppichfelsenmispel (*C. dammeri* Schneid.) (3). Ihre weißen oder rötlichen Blüten erscheinen im Mai. Zwar wird die in China beheimatete Art kaum 15 cm hoch, doch breiten sich ihre langen Zweige schnell aus.

Ein wunderschöner Zwergstrauch auch für den kleinsten Steingarten ist die immergrüne China-Felsenmispel (*C. microphyllus* Wall ex. Lindl.) (4), deren maximale Wuchshöhe 80 cm beträgt. Die winzigen Blätter sind am Rande eingerollt. Im Mai öffnen sich zahlreiche kleine weißliche Blüten. Die in China und im Himalaja heimische Zwergmispel benötigt einen geschützten Standort und leichten Winterschutz.

Laugenblume, Fiederpolster, *Cotula squalida* (Hook. f.) Hook. f.

Korbblütengewächse
Asteraceae

In den Bergen Neuseelands wachsen mehrere Arten der Gattung *Cotula.* Einige von ihnen gedeihen auch in unseren Breiten, andere wieder bereiten Schwierigkeiten. Auch in Südamerika und Südafrika sind verschiedene Laugenblumen-Arten beheimatet.

Für den Steingarten kommen allerdings nur wenige von ihnen in Frage. Es sind dies überwiegend kriechende Gewächse, die mit Hilfe ihrer wurzeltreibenden, liegenden Sprosse Teppiche bilden. Die Stengel tragen fiederschnittige, wechselständige Blätter. Die unauffälligen Blüten häufen sich an den Enden dünner Stiele zu halbkugelförmigen Blütenständen.

Sie gedeihen gut in lehmig-sandigen, humushaltigen Böden mit Dränage in der Sonne oder auch im Halbschatten. Als Rasenersatz bewähren sich diese anspruchslosen Pflanzen ebenso wie als Lückenfüller nach abgeblühten Zwiebelgewächsen.

Zur Vermehrung dienen bewurzelte Stengelstücke, die, nach dem Abblühen geschnitten, leicht anwachsen.

Die meistgezogene Laugenblume ist die nur 3–5 cm hohe *C. squalida* (1). Wegen ihres allzu wuchernden Wuchses nutzen wir sie als Zwischenbepflanzung für Trittplatten, Treppen u. ä. Ein öfteres Niedergetretenwerden macht ihr nichts aus, außer daß die ohnehin unscheinbaren Blüten ausbleiben. Ihre Zierde ist das dichte bräunliche bis dunkelgrüne Laub.

Der vorgenannten Art ähnelt *C. potentilina* Druce. (2). Sie ist jedoch zart gebaut und trägt olivgrüne Blätter, die sich im Herbst bräunlich färben.

Nicht ganz so widerstandsfähig ist *C. pectinata* Hook., var. *wilcoxii* Cheesem. et Lloyd. (3). Im Unterschied zu den vorigen Fiederpolsterarten stellen kleine gelbe Blütchen in flachen Blütenständen ihren Schmuck neben dem Laubwerk dar. Ihr ausdauernder Flor setzt mit Sommerbeginn ein. Die Blütendolde beginnt bereits während des Verblühens

2

1

braun zu werden. Dieser reizende Bewohner der neuseeländischen Gebirge ist in unseren Steingärten bislang eine seltene Erscheinung. Sie verlangt gute Dränage, sauren Sandboden und nicht zu pralle Sonne. Gar nicht vertragen kann sie stauende Nässe, weshalb wir um sie herum kleine Steinchen schichten und sie in regenreichen Wintern mit Glas abdecken.

3

Balkan-Krokus
Crocus chrysanthus Herb.

Krokusse dürfen in keinem Garten fehlen. Diese Knollengewächse fallen durch ihre Blüten in vielen Farben auf. Schmale, lineare Blätter mit silbrigem Mittelstreifen vereinigen sich zu einer Bodenrosette. Je nach Art entwickelt sich die Blattrosette im Frühjahr oder erst im Herbst. Die Blätter erlangen ihre volle Größe erst nach der Blüte. Einige Arten, wie der Balkan-Krokus *(C. chrysanthus)* bringen ihre aus sechs unten zur Röhre verwachsenen Hüllblättern bestehenden Blüten zeitig im Frühjahr hervor, andere im Spätsommer oder sogar im Herbst.

In der Mehrheit stammen die Krokusse aus dem Mittelmeerraum. Auf den europäischen Vorgebirgs- und Gebirgswiesen trifft man in großer Zahl den großblütigen violetten, selten auch weißen Rumänischen Vorfrühlings-Krokus (*C. heuffelianus* Herb.) an.

Die Krokusse verlangen leichte und humose Gartenerde ohne Staunässe sowie viel Sonne. Während der Vegetationsruhe tut ihnen Trockenheit gut. Die Knollen der Frühblüher legen wir im September oder Oktober, die der Herbstblüher bereits in der ersten Augusthälfte. Die Pflanztiefe beträgt 5—7 cm. Man setzt die Knollen in größeren Gruppen bunt oder nach Farben geordnet.

Vermehrt werden die Krokusse mit Hilfe der Tochterknollen, die Stammarten auch durch Samen. Im Steingarten bevorzugen wir die Wildarten, die zwar kleinere, dafür aber weitaus zartere und anmutigere Blüten hervorbringen.

Zu den Wildarten zählt der gelbblühende Balkan-Krokus *(C. chrysanthus)* (1), der von Südosteuropa bis Kleinasien verbreitet ist. Jede Knolle bringt im Februar oder März mehrere Blüten hervor.

3

Schlanke lila Blüten mit weißem Schlund und langem Röhrchen besitzt der Elfenkrokus (*C. tommasinianus* Herb.) (2). Im Februar und März sehr reich blühend, sät sich die in Dalmatien beheimatete Art dann oft selbst aus. Sie verwildert leicht und behauptet sich selbst im Rasen.

September und Oktober ist die Florzeit des Prachtherbstkrokus (*C. speciosus* M. B.). Seine verhältnismäßig große, kugelige Knolle umschließt eine hellbraune, ringweise sich abschälende Haut (3). Dunkel geädert ist die große hellviolettbläuliche Blüte mit orange feinzerteiler Narbe (4). Die Heimat dieses zu den allerschönsten zählenden Krokussen ist Kleinasien und der Balkan.

4
1
2

Europäisches Alpenveilchen Primelgewächse
Cyclamen purpurascens Mill. *Primulaceae*

Jeder kennt sicher die großen, auffälligen Blüten der in Töpfen gezogenen Alpenveilchen. Um vieles reizvoller sind jedoch die kleinblütigen Gartenarten. Ihre kugelige Knolle setzt je nach Art die Wurzeln an verschiedenen Stellen an. Zu einer dunkelgrünen Rosette vereinigen sich die gestielten, ganzrandigen oder gezähnten, an der Unterseite oft lila angehauchten Blätter. Bei einigen Alpenveilchen-Arten zeigt die Blattoberseite eine silberfarbene Zeichnung. Zurückgeschlagene Kronzipfel und ein dunkler gefärbtes Auge kennzeichnen die unterschiedlich rosagetönten Blüten. Als Frucht bildet sich eine kugelige Kapsel.

Im Steingarten finden mehrere Arten Verwendung, doch sind sie mit Ausnahme des Europäischen Alpenveilchens *(C. purpurascens)* für die mitteleuropäischen Winter nicht hart genug und brauchen eine Schutzdecke.

Für die Alpenveilchen bereiten wir eine Mischung aus Rasenerde und Lauberde, der wir Kalkschutt, gemahlenen Kalkstein oder alten Putz beimengen. Neben halbschattiger Lage ist vor allem auf guten Wasserabzug Wert zu legen, da die Alpenveilchen selbst kurzfristige Durchnässung nicht vertragen. Im Herbst können wir ihnen den Boden noch mit Kompost aufbessern. Gepflanzt wird während der Vegetationsruhe, etwa 5—10 cm tief. Je länger wir sie am Ort belassen, desto reicher blühen sie.

Die keimkräftigen Samen müssen bei der Vermehrung sofort nach der Reife ausgesät werden. Auf die erste Blüte müssen wir allerdings einige Jahre warten, bis die Knolle genügend groß geworden ist.

Von Juli bis September währt der Flor des Europäischen Alpenveilchens (*C. purpurascens*, syn. *C. europaeum* L.) (1), das in Mittel- und Südeuropa heimisch ist. Seine seitlich wurzelnden Knollen können einen Durchmesser von bis zu 15 cm erreichen. Von Weiß bis Karminrot reicht die Farbpalette der Kultursorten.

Ein sehr zeitiger Frühlingsbote ist das Februar-Alpenveilchen (*C. coum* Mill., syn. *C. orbiculatum* Mill.) (2). Unterseits wurzelnde Knollen bringen bereits im Herbst die dunkelgrünen Blätter hervor. Den leichten Winterschutz müssen wir rechtzeitig entfernen. Es wurden weiß- bis dunkelrotblühende Sorten gezüchtet.

Zierendes Laub trägt das Efeu-Alpenveilchen (*C. hederifolium* Ait., syn. *C. neapolitanum* Ten.) (3). Seine ein wenig an Efeu erinnernden Blätter trugen ihm den Namen ein. Der reiche Flor im September und Oktober ist rosafarben, bei der Varietät *album* weiß (4). Erst nach dem Abblühen entwickeln sich die Blätter zu einer sehr schönen Bodenrosette. Da die Knollen nach oben wurzeln, pflanzen wir bis 10 cm tief. Das Efeu-Alpenveilchen verträgt auch Sonne und einen trockenen, warmen und geschützten Standort.

1
2
3
4

Frühlingszwergginster
Cytisus decumbens (Durande) Spach

Die Ginster sind Laubgehölze verschiedenster Wuchsformen, vom niedrigen kriechenden Zwergstrauch bis zum 2 m hohen Großstrauch. Überwiegend tragen sie kleine, ungeteilte oder dreizählige Blätter. Wie alle Arten der Familie *Fabaceae* bilden sie symmetrische Schmetterlingsblüten aus, die aus dem vergrößerten oberen Kronblatt, der Fahne, den beiden länglichschmalen seitlichen Kronblättern (die sogenannten Flügel) und den zwei unteren, zum Schiffchen verwachsenen Kronblättern bestehen. Aus den Blüten entstehen in der Reife mehrsamige Hülsenfrüchte.

Normale, eher sandige Gartenerde, die kaum Nährstoffe enthalten braucht, genügt den Ginstern für ein gutes Gedeihen. An den von den meist winterfesten Sträuchern so geliebten Sonnenplätzen bringen sie den reichsten Flor. Einen Winterschutz, wenigstens an den Wurzeln, benötigen nur einige Kultursorten. Es sind auch herrliche, zweifarbige Sorten herausgezüchtet worden.

Anzucht aus Samen ist bei den Stammarten möglich, die Züchtungen vermehrt man mittels weicher Stecklinge, die sofort nach dem Verblühen geschnitten werden. Kriechende Arten vermehren wir am einfachsten durch Absenken der leicht wurzelnden Zweige.

Nur 10–20 cm hoch wird der kriechende Frühlingszwergginster *(C. decumbens)* (1). Er wächst stark in die Breite und überwächst in kürzester Zeit auch größere Flächen. Seine langen, schwachen, liegenden Zweiglein sind mit winzigen, beidseitig behaarten Blättern bewachsen. Den im Mai und Juni sich öffnenden, großen goldgelben Blüten folgen bald die Hülsenfrüchte (2). *C. decumbens* eignet sich für größere Steingärten, z. B. als Krönung eines Felsbrockens oder für die Trockenmauer, auf der seine überhängenden Zweige goldene Blüten-Fälle hervorzaubern.

Zwischen größere Sträucher paßt der bis 2 m hohe und breite Elfenbeinginster, *C.* × *praecox* Bean (3), dessen leicht gebogene dünne Zweige im April blaßgelbe duftige Blüten tragen. Er bewährt sich ebenfalls im großen Steingarten.

Der Besenginster (*C. scoparius* [L.] Link, syn. *Sarothamnus scoparius* [L.] Wimm. ex Koch.) (4) ist ein 0,5–2 m hoher Strauch mit kleinen dreizähligen Blättern, die sich sehr früh von den grünen kantigen Zweiglein lösen. Diesen im Mai und Juli blühenden Ginster verpflanzen wir in größere Anlagen oder als effektvollen Solitär. Für kleinere Steingärten kaum zu empfehlen.

2

1
4
3

Rosmarinseidelbast, Wohlriechender Seidelbast

Seidelbastgewächse

Daphne cneorum L.

Thymelaeaceae

Dankbare Sträuchlein verschiedener Größe und Gestalt bietet uns die Gattung der Seidelbaste, deren intensiv duftende, meist rosarote Blütenfülle den Frühlingssteingarten wirkungsvoll belebt. Ein typischer Vertreter der mitteleuropäischen Wälder ist der Gewöhnliche Seidelbast oder auch Kellerhals (*D. mezereum* L.). An den langen Zweigen dieses bis 1 m hochwerdenden Strauches erscheinen noch vor den Blättern rosa Blütenbüschel. Im Herbst schmückt sich der Kellerhals mit leuchtendroten Steinfrüchtchen. Er steht unter strengem Naturschutz und darf nicht mitgenommen werden.

Auch für kleinere Steingärten gibt es passende reichblütige Zwergseidelbaste. Alle Arten lassen sich aus Samen ziehen, die wir, von der Samenschale befreit, sofort in den Boden bringen. Einige Arten vermehren wir auch mit Stecklingen, die im Juni oder Juli entnommen werden. *D. blagayana, D. cneorum* und *D. arbuscula* können ebenfalls im Juni oder Juli durch Ablegerzweige vermehrt werden, die wir zur besseren Wurzelbildung mit einem Stein beschweren.

3

Nur 15—30 cm hohe kompakte Zwergsträucher bildet der herrliche immergrüne Rosmarinseidelbast *(D. cneorum)* (1). Am Ende der liegenden, belaubten Zweige entfalten sich im Mai und Juni reiche Dolden duftiger, sattrosa gefärbter Blüten. Im August oder September erfreut uns oft noch eine zweite Blüte. Früchte bringt diese Art jedoch selbst unter den günstigsten Kulturbedingungen nicht hervor. Der Rosmarinseidelbast eignet sich für alle Steingärten, verlangt aber durchlässige Humuserde und Sonne oder mäßigen Halbschatten.

Der wintergrüne Felsenseidelbast (*D. arbuscula* Čelak.) (2), wird mit seinen liegenden, blätterbewachsenen Zweigen nur 10—20 cm hoch. Sein Flor setzt etwas später als bei *D. cneorum* ein. Da auch diese für kleine Steingärten geeignete Art in Kultur keine Früchte trägt, vermehren wir sie durch Absenker oder Stecklinge.

D. blagayana Freyer, der Zwergseidelbast (3), trägt an kriechenden Zweigen hellgrünes lederartiges Dauerlaub. Bereits im Februar und nicht selten bis in den April hinein erfreuen uns gelblichweiße, stark duftende Blüten in reichen endständigen Dolden. Ausgezeichnet gedeiht der Zwergseidelbast im Halbschatten auf saurem Untergrund, wo er unter günstigen Umständen größere Flächen überwächst. Nach dem Abblühen beschneiden wir die neuen Triebe, da sonst die älteren Zweige leicht kahl werden.

Alpennelke, Alpenzwergnelke
Dianthus alpinus L.

Nelkengewächse
Caryophyllaceae

Nelken dürfen in keinem Steingarten fehlen. Die Gattung bietet reiche Auswahl für alle Ansprüche: Arten für große Steingärten oder für Miniaturanlagen, Nelken mit weißen, rosa oder roten Blüten, mit kleinen oder großen, einfachen oder gefüllten, meist jedoch angenehm duftenden Blüten. Als Früchte entstehen Kapseln (4).

Rund 300 Arten der Gattung *Dianthus* sind meist in Europa, Sibirien und sogar Japan verbreitet. Man findet unter ihnen einjährige und ausdauernde, zwergige als auch ziemlich hohe Arten. Einige Nelken sind anspruchslos, gedeihen meist recht gut und bilden umfangreiche, üppig blühende Polster. Andere bereiten in der Kultur Schwierigkeiten. Sie alle verlangen guten Wasserabzug, humosen Sandboden und viel Sonne. Am einfachsten vermehren wir die Nelken durch Teilung oder Stecklinge, die Wildarten auch durch im Mai oder Juni zu säende Samen.

Zu den heiklen Arten zählt *D. alpinus,* die Alpennelke (1). Ihre bezaubernden großen Blüten ziert ein purpurfarbener, weißgepunkteter Mittelring. Diesem anmutigen Gewächs müssen wir mit großer Sorgfalt den rechten Platz im Steingarten auswählen, damit es sich auch wirklich ‚wie zu Hause' fühlt. In seiner Wildheimat, den Kalkalpen, kommt es bis zu einer Höhe von 2000 m. ü. d. M. vor, weshalb die Alpennelke in unseren Steingärten ein wenig ausdauernder Gast bleibt. Der geeignetste Standort dürfte die Geröllhalde sein. Es existiert auch eine weißblütige Sorte — *D. alpinus* 'Albus'.

Herrliche dunkelgrüne, nur 2—5 cm hohe kompakte Zwergpolster bringt die Gletschernelke (*D. glacialis* Haenke in Jacq.) (2) hervor. Von Mai bis Juli, ja August, zeigt sie ihre rosaroten Blüten mit einer dunkleren Zeichnung an der Basis. Da sie in den subalpinen und alpinen Höhenstufen der Gebirge Zentraleuropas im Schotter oder in Felsspalten, oft auf saurem Gestein vorkommt, verpflanzen wir sie auch im Steingarten in eine gut entwässerte Felsritze oder an eine halbschattige Stelle des Geröllfeldes. Sie ist weniger heikel als *D. alpinus,* allerdings ebenso wenig ausdauernd. Dafür ist sie leicht aus Samen zu ziehen.
Besonders zart und reichblütig ist die zwergige Nelke *D. subacaulis* Vill. (3), deren schmale graublaugrüne Blätter feste Pölsterchen bilden. Besonders schön ist ihre gefüllte Gartenform. Diese anspruchslose Nelke wird kaum Schwierigkeiten bereiten.

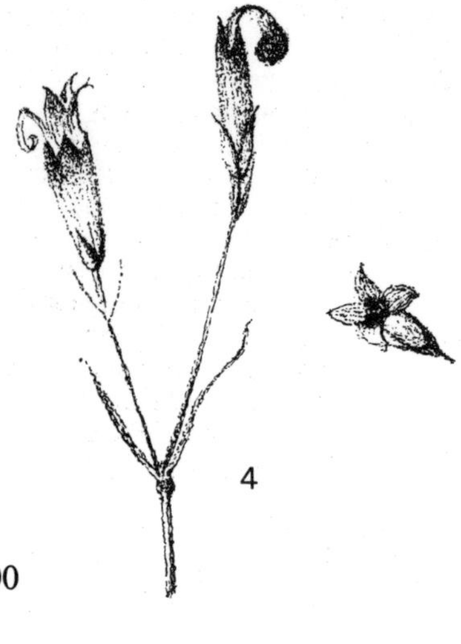

4

2

3

1

Immergrünes Felsenblümchen, Immergrünes Hungerblümchen, Märzdrabe

Kreuzblütengewächse

Draba aizoides L.

Brassicaceae

Die Hungerblümchen oder Felsenblümchen bilden eine artenreiche, meist in Gebirgen heimische Gattung, die auf allen Kontinenten mit Ausnahme Australiens und Afrikas verbreitet ist. Diese Pflanzen gedeihen in hohen Gebirgslagen bis zur Schneegrenze und in arktischen Gebieten. Viele dieser zierlichen Kräuter gehörten sicher zu den Perlen unserer Steingärten, wenn sie nur der Gartenkultur bekannt wären. Dichte, oft feste Blattrosetten-Polster schmücken sich mit gelben, vereinzelt auch weißen Traubenblüten. Wie für alle Kreuzblütengewächse typisch, bilden je 4 Kron- und Kelchblätter, die mehr oder weniger großen Blüten, denen Schötchen als Früchte folgen.

Alle Felsenblümchen fühlen sich in magerer, schotterhaltiger Erde und in voller Sonne wohl, müssen aber in jedem Falle trocken stehen.

Die Anzucht aus Samen mit Aussaat im Februar ist ebenso möglich wie ein Teilen der Büschel im Juli nach der Blüte. Man kann auch im August Stecklinge schneiden.

3

Im alpinen Bereich der europäischen Gebirge, vornehmlich auf Kalkgestein, gedeiht das Immergrüne Felsenblümchen, *(D. aizoides)* (1), auch Märzdrabe genannt. Derbe lineare, am Rande borstig bewimperte Blätter stehen in dichten bodenständigen Rosetten. Am kahlen, 5—10 cm hohen Schaft bilden sich endständige Trauben aus 4—15 goldgelben Blüten, deren Kronblätter leicht eingeschnitten sind. Die Märzdraben tragen länglichbreite Schötchenfrüchte.

Zu festen Polstern verbinden sich die behaarten, bis zu 20 cm hochwerdenden Stengel der *D. alpina* L. (2), beheimatet in den nördlichen Teilen Eurasiens. Im Juni zieren sie 4—10 blütige Trauben.

1

Zu den kleinsten Draben gehört die auch im Miniatursteingarten Platz findende *D. bryoides* var. *imbricata* C.A. Mey. (3) Die den Felsen des Kaukasus entstammende Art trägt an zahlreichen Kurzstengeln winzige, dicht dachförmig angeordnete Blätter. Die etwa nur 2 mm im Durchmesser großen Blattrosettchen bilden gedrängte Pölsterchen, die im Mai dünne, 2–3 cm hohe Sprosse mit 2–4 gelben Blüten überragen.

4

2

Ein sehr schöner, wenig Ansprüche stellender, etwa 5 cm hoher Bastard ist *D.* × *suendermannii* hort. (4). Auch in kleinen Steingärten verwendbar, erfreut er uns im März und April mit reichem weißen Flor.

Silberwurz, Silberkraut Rosengewächse
Dryas octopetala L. *Rosaceae*

Zu den bekanntesten und hübschesten Hochgebirgshölzern zählt ohne Zweifel die Silberwurz. Sie wächst auf Geröll und Felsgestein in den Gebirgslagen bis zur alpinen Stufe der Hochgebirge von Europa sowie in der Arktis. An kriechenden Zweigen wachsen wechselständig nur 2—3 cm lange, gestielte, ledrige, oberseits dunkelgrüne und kahle, unten graufilzige, am Rande gleichmäßig gekerbte Blätter von hohem Zierwert.

Im Garten bereitet die Silberwurz wenig Schwierigkeiten. Wenn sie auch im Gebirge basischen Untergrund bevorzugt, können in Kultur auch auf saurem Gestein durchaus Erfolge erzielt werden. Bei starken Kahlfrösten kann sie Schaden erleiden, meist schießt sie im Frühjahr aber wieder ins Laub. Als Standort wählen wir schotterhaltigen Humusboden in sonniger bis halbschattiger Lage. Die auf der Erde liegenden leichtwurzelnden Zweige bilden bald wunderschöne dunkelgrüne Teppiche.

D. octopetala zeigt zwar im Garten recht guten Wuchs, das fehlende Gebirgsklima läßt aber den Flor nicht so reich werden wie in der Wildheimat. Man bevorzugt daher eine Kreuzung von *D. octopetala* und *D. drummondii* Rich., die als *D.* × *suendermannii* Sünderm. bezeichnet wird und etwas robuster als ihr erstgenanntes Elter ist, die Blütenknospen sind schwach gelblich gefärbt.

Die Silberwurz vermehrt man am besten durch Abtrennen der bereits bewurzelten Zweige. Samen müssen direkt nach der Reife ausgebracht werden, Stecklinge machen nur schlecht Wurzeln.

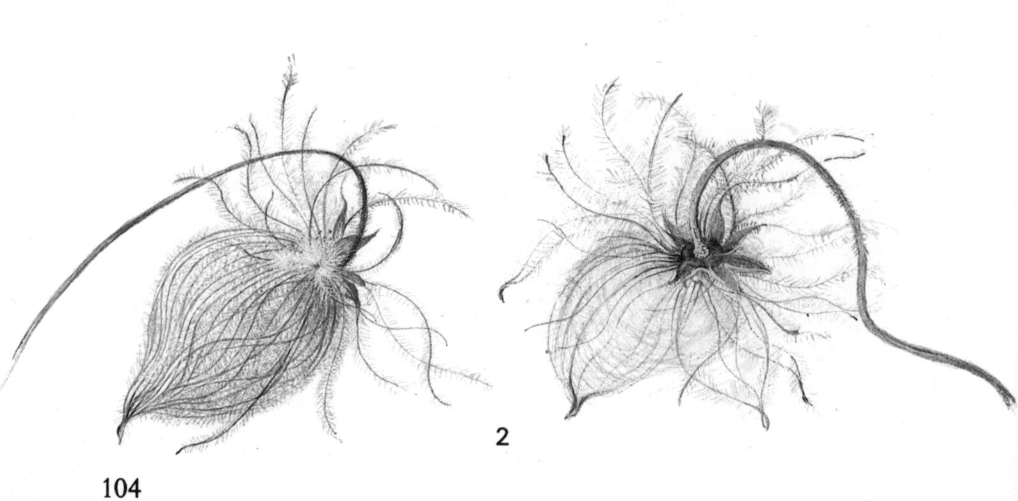

2

Von Juni bis August können wir die auffälligen, bis 4 cm großen Blüten der Silberwurz, auch Silberkraut *(D. octopetala)* bewundern (1). Die an 5—10 cm hohen Stielen sich wiegenden Einzelblüten bestehen aus 6—9 weißen Kronblättern und zahlreichen Staubblättern. Doch auch die reifen Samenstände bilden einen wahren Schmuck. Lange fedrige Anhängsel lassen die Früchtchen ähnlich wie bei der Küchenschelle 'Flaumkugeln' bilden (2).

Wesentlich kleinwüchsiger ist *D. octopetala* var. *integrifolia* (Vahl.) Hook. f. (3). Einige Fachleute geben für sie den selbständigen Artnamen *D. tenella* Pursh an. Wegen ihrer extremen Langsamwüchsigkeit eignet sie sich auch für kleine Steingärten. Kleiner sind auch die Fruchtstände (4).

Büschelglocke, Krugglocke

Edraianthus pumilio
(Portenschl.) A. DC.

Glockenblumengewächse

Campanulaceae

Zu den schönsten Steingartengewächsen gehört die Büschelglocke *Edraianthus.* Hauptverbreitungsgebiet der nur wenige Arten zählenden Gattung sind die Mittelmeerländer und die Balkanhalbinsel. Über den schmalen behaarten Blättern öffnen sich meist blaulila gefärbte Glockenblüten entweder einzeln *(E. pumilio, E. dinaricus, E. serpyllifolius)* oder in endständigen Köpfchen *(E. dalmaticus, E. graminifolius, E. tenuifolius).* In ihrer natürlichen Heimat gedeihen sie auf Kalkgrund und bevorzugen Felsklüfte, die sie mit kompakten Polstern oder dichten Büscheln überziehen.

Im Garten müssen wir der Büschelglocke vor allem einen guten Wasserabzug gewährleisten. Wir pflanzen sie in Vollsonne in steinige kalkhaltige Humuserde, z. B. zwischen zwei Steine oder auf die Trokkenmauer. An die Wahl des Standortes sollten wir überlegt herangehen, da die Büschelglocke tiefreichende Pfahlwurzeln bildet und ältere Exemplare nicht mehr umgesetzt werden können.

Als Vermehrungsmethoden stehen Anzucht aus im Februar zu säenden Samen und Stecklinge zur Auswahl. An günstigen Standorten säen sich die Büschelglocken selbst aus.

1

2

E. pumilio (1), eine aus Dalmatien kommende Büschelglocke, hat nadelartige, 1, 5—2 cm lange graugrüne Blätter, die sich in dichten grundständigen Rosetten befinden. Die in Farbe und Form an Glockenblumen erinnernden Blüten sitzen einzeln an sehr kurzen, nach oben gebogenen Stielchen, so daß es scheint, sie lägen auf dem Blätterkissen Selbst während der von Juni bis Juli dauernden, reichen Blüte erreicht die Pflanze lediglich eine Höhe von 4—6 cm.

Mit gehäuften Blüten schmückt sich von Juli bis August *E. graminifolius* (L.) A. DC. (2). Schmale, lineare, 6—10 cm lange, dunkelgrüne Blätter wachsen zu dichten Büscheln, während die bis 15 cm lang werdenden, an ihren Enden hochgebogenen liegenden Stengel ringförmig angeordnet sind. Aus 3—7 blauvioletten Glockenblüten mit zurückgebogenen Kronzipfeln setzt sich das Blütenköpfchen zusammen. Die in Italien, auf der Balkanhalbinsel und in den südöstlichen Karpaten heimische Art läßt sich problemlos an sonnigen Stellen mit Kalkuntergrund und ausreichender Dränage in Kultur nehmen. Wegen der sich weit ausbreitenden Stengel muß ein entsprechend großer Pflanzplatz berücksichtigt werden.

Winterling Hahnenfußgewächse
Eranthis hyemalis (L.) Salisb. *Ranunculaceae*

Der Winterling gehört in jeden Garten. Seine goldgelben, großen Blüten und sein frischgrünes Zierlaub künden bereits gegen Winterende den Frühling an. Ein dunkelbrauner, unregelmäßiger knollenartiger Wurzelstock (4) bringt mehrere, an ihren Enden je eine große Goldblüte tragende Stiele hervor. Während der Blütenkelch eine aus 5—8 sattgelben Blättern zusammengesetzte Krone nachahmt, ist die Krone selbst zu kleinen Drüsen umfunktioniert. Dicht unter der Blüte ragt ein auch in der Reife bestehender Wirtel tief eingeschnittener Stengelblätter hervor. Die Bodenblätter entwickeln sich erst nach dem Flor.

Den Winterling setzen wir meist in größeren Gruppen unter Bäume oder Sträucher, auch im Steingarten wächst er gut. Wir stecken die Knollen im zeitigen Herbst 5—7 cm tief in humusreichen feuchteren Boden an einen sonnigen oder halbschattigen Platz.

Anzucht aus Samen, die sofort nach dem Reifen ausgesät werden und zur Zufriedenheit keimen, ist ohne Schwierigkeiten möglich. Unter günstigen Umständen sät sich der Winterling selbst aus. Er ist imstande, den gesamten Garten zu besiedeln. Um dies zu verhindern, müssen wir die Samen vor ihrer Reife einsammeln. Alle 2—3 Jahre können wir auch durch Abbrechen der Knollen vermehren. Zu diesem Zweck durchsieben wir das Erdreich mit den wie Erdklumpen aussehenden Knollen, da wir sonst die kleineren unter ihnen leicht übersehen könnten.

Einer den ersten Frühblüher ist der Winterling *E. hyemalis* (1). Er ist 10—15 cm hoch und fällt bereits im Februar, oft sogar noch im Schnee, durch seine großen gelben Blüten auf. Sein Hauptverbreitungsgebiet ist Südeuropa, doch findet man ihn bis nach Zentraleuropa hinein.

Aus Griechenland und Kleinasien stammt der 10 cm hochwerdende und etwas größere Blüten als *E. hyemalis* hervorbringende Kleinasiatische Winterling (*E. cilicica* Schott et Kotschy) (2). Die Blätter sind beim Blattausbruch lilarot gefärbt und sehr fein, doch tief eingeschnitten. Auch die unterhalb der Blüte sitzenden Blätter sind in schmale Abschnitte unterteilt. Etwa 2 Wochen später als bei der vorigen Art setzt die Blüte ein. Auch ist dieser Winterling nicht so widerstandsfähig und üppig im Wuchs.

Sehr zierend sind die Fruchtstände des Winterlings. Samentragende Balgfrüchte öffnen sich flächenhaft zu Sternen (3).

1
2
3
4

Einblütiges Berufkraut, Beschreikraut

Korbblütengewächse

Erigeron uniflorus L.

Asteraceae

Das Berufkraut, mancherorts auch als Beschreikraut bekannt, umfaßt eine Reihe in Wuchs und Habitus sich erheblich unterscheidender Arten, die in Europa, Nord- und Südamerika sowie in Australien verbreitet sind. Unter den schwachwüchsigen Arten finden sich passende Steingartenanwärter, z. B. *E. alpinus* L., *E. uniflorus* L., *E. leiomerus* A. Gray, *E. humilis* R. Grah. Die hochwüchsigen Arten und eine Vielzahl an Gartensorten finden eher auf Blumenbeeten Verwendung. Das Berufkraut erinnert stark an eine Aster. Der Botaniker erkennt das Berufkraut am einreihigen Flaum der Früchtchen, während die Asterfrucht 2—3 Flaumreihen aufweist. Die Stammformen tragen zwar reiche, doch mit Ausnahme der niedrigen Arten verhältnismäßig kleine Blütenkörbchen, deren Zungenblüten meist rosalila bis weiß sind. Für das anspruchslose und in der Pflege denkbar einfache Berufkraut genügt die übliche Gartenerde und ein Platz an der Sonne. Wir vermehren es aus Samen oder teilen die Büschel.

2

3

hellvioletten Zungenblüten sind dünn, gelbbraun sind die Scheibenblüten, dicht behaart die Blütenhülle. Im Steingarten bekommt ihnen am besten saure Lauberde und Ostlage. Ein Kranz feinen Schotters sowie eine Winterschutzdecke sollten sie vor schädlicher Nässe bewahren.

Eng lanzettliche ganzrandige Grundrosettenblätter trägt auch *E. leiomerus* (3). Den ganzen Sommer über erfreuen uns seine an 7—10 cm hohen Stengel sich wiegenden Blütenkörbchen mit einem Durchmesser bis zu 2 cm. Oft sät sich diese Art selbst aus.

Lediglich 4—8 cm hoch wird das Einblütige Berufkraut *(E. uniflorus)* (1). Granzrandige, am Rande bewimperte, sonst kahle Blätter vereinigen sich zu einer bodenständigen Rosette. Von Juli bis September zeigt es seine Blüten mit purpur getönter Hülle. Es gedeiht in den höheren Gebirgsgegenden in Europa und Amerika, bevorzugt an steinigen Stellen. Im Garten verlangt es mehr feuchten Standort, verträgt jedoch keine Winternässe, weshalb wir es im Winter abdecken müssen. Entsprechende Bedingungen dankt es, indem es reiche Bestände großer Büschel bildet und sich gegebenenfalls auch selbst aussät.

Noch zwergiger ist *E. humilis* (2) aus den Gebirgen Nordamerikas und Kanadas, dessen ganzrandige lanzettliche Blätter kaum 4 cm breite Bodenrosetten bilden. Aus deren Mitte sprießen 2 cm lange behaarte Stengelchen mit einem bis zu 2 cm messenden Blütenkorb. Die

1

Hundszahn, Zahnlilie Liliengewächse
Erythronium dens-canis L. *Liliaceae*

Der Hundszahn ist ein herrliches Zwiebelgewächs, das hauptsächlich in Nordamerika verbreitet ist. In Europa kommt nur eine einzige Art vor. Aus der Zwiebel sprießen einige wenige gestielte, längliche bis ellyptische, oft marmorierte Blätter sowie ein oder mehrere Schäfte mit je einer, bei bestimmten Arten 2—4 überhängenden Blüten in weißlicher bis rosavioletter Farbe. Je 6 Blütenblätter mit zurückgebogenen Zipfeln werden von wiederum 6 hervorstehenden Staubblättern überragt. In der Reife bilden sich Kapseln mit sehr feinen Samen.

Als Hainbewohner liebt der Hundszahn feuchte, aber durchlässige, reiche Humuserde mit saurer Reaktion. Gepflanzt wird im August in mäßigen Halbschatten 6—8 cm tief. Von öfterem Umsetzen sollten wir Abstand nehmen, da es lange dauert, ehe der Hundszahn sich an den neuen Standort gewöhnt und zu blühen beginnt. Sollten wir trotzdem umsetzen, bewahren wir die schalenlosen Zwiebeln in Torf oder feuchter Erde auf und schützen sie so vor dem Austrocknen. Kunstdünger darf nicht verabreicht werden, man verbessert den Boden lieber mit gut abgelagertem Kompost. Außer dem vollständig winterharten *E. dens-canis* benötigen alle Zahnlilienarten eine Reisigdecke.

Wir vermehren im August durch Tochterzwiebeln. Wildarten können auch aus Samen gezogen werden, die nach der Ernte zu säen sind. Nach 3—4 Jahren bringen die Sämlinge erste Blüten.

Auf den humusreichen Böden lichter Haine gedeiht die einzige europäische Art der Zahnlilie *(E. dens-canis)* (1), auch als Hundszahn bekannt. Leider sind seine wildwachsenden Bestände im Schwinden begriffen, weshalb er unter strengem Naturschutz steht. Die Pflanze verdankt ihren Namen der an einen Hundszahn erinnernden Zwiebel (2). Am Ende der 10—20 cm langen blattlosen Stiele öffnen sich im März und April nickende rosarote Blüten. Der schon im Mai einziehende Hundszahn ist in zahlreiche Gartensorten erhältlich.

Gelbliche Adern auf sattgrünen Blättern zeichnen den Oregon-Hundszahn (*E. oregonum* Appleg.) (3) aus. Den bis zu 35 cm hohen Stengel krönen im April und Mai mehrere weißgelbliche Blüten mit braunem Mittelring. Die etwas größeren Zwiebeln pflanzen wir tiefer. Winterschutz ist unbedingt notwendig. Gern gepflanzt wird seine zauberhafte großblütige Hybride 'White Beauty', die auch als Sorte des Rosaroten Hundszahn (*E. revolutum* S. M.) geführt wird.

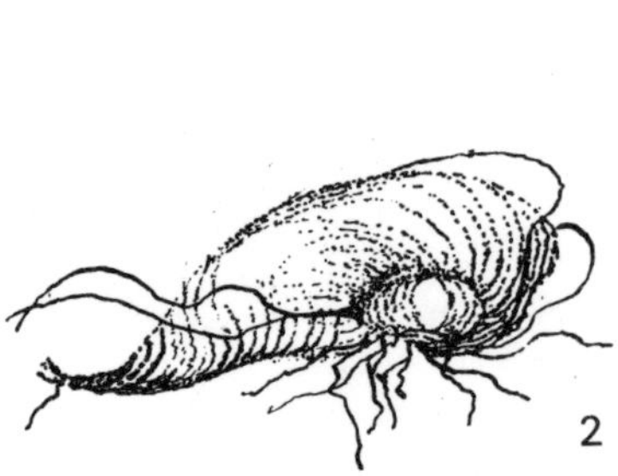

2

1
3

Myrtenartige Wolfsmilch, Walzenwolfsmilch

Wolfsmilchgewächse

Euphorbia myrsinites L.

Euphorbiaceae

Von den rund 600 Wolfsmilcharten fanden verhältnismäßig wenige Eingang in die Gartenkultur und für unseren Steingarten steht uns eine noch geringere Auswahl zur Verfügung. Die als einjährige Pflanzen, ausdauernde Kräuter, Halbsträucher oder Sträucher vorkommenden, über die ganze Welt verbreiteten Gewächse bevorzugen trockene Plätze. Einige Arten gleichen den Kakteen, alle zeigen sie bei einer Verletzung den typischen Milchsaft.

Anstelle der kleinen unscheinbaren Blüten sind bei den Wolfsmilcharten die gelben bis orangegefärbten Deckblätter sehr schmückend.

Neben *E. myrsinites* und *E. capitulata* verwendet man im Steingarten noch die herrliche, bis zu 50 cm hohe, dichte Kugelbüsche bildende Goldwolfsmilch (*E. polychroma* Kern; syn *E. epithymoides* Jacq. non L.). Diese für größere Anlagen oder als Solitär geeignete Steppenpflanze trägt an mit weichbehaarten Blättern bestandenen Stielen sattgrüne, im Herbst sich orange verfärbende Deckblätter.

Die ziemlich widerstandsfähige Wolfsmilch pflanzen wir in normale, aber durchlässige und steinige Gartenerde in voller Sonnenlage. Wir vermehren durch Teilung, Stecklinge oder, was am leichtesten ist, durch Samen. Oft säen sich die Pflanzen selbst aus und wir finden dann die Sämlinge weit verstreut. Dafür sorgen die Ameisen, bei denen die fleischige Samenwarze, ein kleines Anhängsel der Samen, sehr beliebt ist.

2

E. myrsinites (1), die Myrtenartige Wolfsmilch, trägt an 18–25 cm langen, liegenden bis aufsteigenden Stengeln merkwürdiges, dachähnlich dichtes Laub, das den Sprossen das Aussehen grüner Zapfen mit abstehenden Schuppen verleiht (2). Von Mai bis Juli zeigen sich zwar reiche, doch unscheinbare Blütenstände an den Stengelenden. Die nach allen Seiten strebenden Triebe verlangen eine Menge Platz, was bereits beim Auspflanzen zu bedenken ist. Zu Beginn des Frühjahrs entfernen wir die alten Sproße, die sonst von unten her verkahlen.

In Dalmatien und Griechenland ist die Zwergwolfsmilch (*E. capitulata* Rchb.) (3) beheimatet. Lange, niederliegende, dicht mit kleinen bläulichgrünen Blättern bestandene Triebe mit endständigen, kaum auffallenden gelben Blütenständen breiten sich zu flachen Zierteppichen aus. Weitreichende unterirdische Fadenausläufer bezwingen auch größere Steine, weshalb wir der Zwergwolfsmilch im Steingarten einen Platz aussuchen, wo andere Pflanzen nicht belästigt werden.

1

3

Blauschwingel, Schwingelgras
Festuca cinerea Vill.

Süßgräser
Poaceae

In unseren Steingarten sollten wir unbedingt einige Gräser auspflanzen, deren weithin auffallende Zartheit und Leichtigkeit im angenehmen Gegensatz zu den anderen Gartenbewohnern steht. Wir wählen zwischen niedrigbleibenden oder hohen als Solitäre geeigneten Gräsern, zwischen silbrigen (wie *F. cinerea*), unterschiedlich grüngetönten oder auch buntgefärbten Arten.

Die für Gräser typische Windbestäubung bedingt einen entsprechenden Blütenbau. An inmitten der Staubbeutel befestigten langen Staubfäden schaukeln sogenannte federige Staubblätter im Winde.

Die Gattung *Festuca* bietet reiche Auswahl für jeden gewünschten Habitus. Einige der niedrigen Arten bilden großflächige Polster wie z. B. der Bärenfellschwingel, *(F. scoparia)*, andere hohe Horste und finden als Solitärpflanzen Verwendung, so z. B. der bis 150 cm hoch werdende Riesenschwingel (*F. gigantea* [L.] Vill.). Als Blütenstand bildet der Schwingel aus Ährchen zusammengesetzte Rispen (4), wobei jedes Ährchen eine oder mehrere Blüten besitzen kann (5). Karyopse nennt man die an Getreidekörner erinnernde Frucht. Gräsern gefällt es am besten in durchlässiger Erde und viel Sonne. In den meisten Fällen vertragen sie keine Staunässe.

Eines der beliebtesten Gräser ist der Blauschwingel *(F. cinerea)* (1). In der Blüte wirkt er besonders bezaubernd, wie ein Spitzengewebe wiegen sich an aufrechten, die Blattspreiten überragenden Halmen die Ährenrispen mit ihren gelborangegefärbten Staubbeuteln. Verbreitungsgebiet des Blauschwingels sind steinige Steppen und Felsen in den wärmeren Teilen Europas. Wir verpflanzen ihn an trockene Steingartenplätze oder ins Heidegärtchen, das er mit seiner schönen Silberfarbe herrlich belebt. Nach 3–4 Jahren muß er geteilt werden.

In wunderbarem silbrigem Blaugrün erstrahlt der Stachelschwingel (*F. punctoria* Sm.) (2) mit dünnen, aber festen Stachelblättern. Die 10–15 cm hohe Art bringt im Juni und Juli ihre an kurzen Halmen befestigten Blüten. Besonders für kleine Steingärten ist dieser Schwingel geeignet. Auch er muß nach längerer Zeit geteilt werden.

Aus den Pyrenäen kommt der zwergenhafte Bärenfellschwingel (*F. scoparia* Kerner et Hack.) (3). Nur 5–8 cm Höhe erreichen seine äußerst fein geteilten hellgrünen Blätter. In voller Sonne oder mäßigem Halbschatten bildet er mit der Zeit große Polster.

4

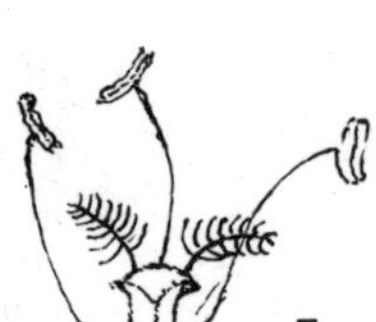
5

2

1

3

Schachbrettblume, Kiebitzblume Liliengewächse
Fritillaria meleagris L. *Liliaceae*

Die Schachbrettblumen, graziöse Zwiebelgewächse niedrigen wie auch hohen Wuchses, sind bereits seit dem Mittelalter in Kultur. Ungefähr 100 Arten gedeihen in der gesamten nördlichen gemäßigten Zone, vor allem jedoch in Kleinasien. Humoser, nährstoffreicher, schwach sandiger und feuchter Boden in alter Dungkraft entspricht am ehesten den Ansprüchen der auch als Kaiserblume bekannten Gattung. Weiterhin liebt sie Sonne oder schwachen Halbschatten. Wir vermeiden es, sie in die Nähe flachwurzelnder Gehölze zu bringen. Da sie frühzeitig einziehen, sollten wir die Schachbrettblumen zwischen Teppichgewächse pflanzen.

Mehrere Jahre können wir die Schachbrettblume am Ort lassen. Zum Umsetzen nehmen wir die Zwiebeln nach dem Einziehen aus der Erde und lagern sie in einer Torfschicht, um sie vor dem Austrocknen zu schützen. Dabei gehen wir behutsam vor, denn beschädigte Zwiebeln werden leicht von Krankheiten befallen. Bereits im August kann gesteckt werden, die kleineren Zwiebeln 7–8 cm tief, die größeren 15 cm.

Wir vermehren durch Tochterzwiebeln oder Samenaussaat bald nach der Reife. Nach 3–4 Jahren blühen die Sämlinge. An günstigen Standorten sät sich die Schachbrettblume selbst aus.

5

Interessante Blüten weist die eigentliche Schachbrettblume *(F. meleagris)* (1) auf. An aufrechten Stengeln ist von April bis Mai in der Regel je eine, selten 2–3 Blüten mit schachbrettartig gemusterten Blütenblättern zu bewundern. Schon im Juni zieht die Blume ein und es bleibt von ihr nur die aus mehreren fleischigweißen Schuppenblättern bestehende Zwiebel (2). Die Kapselfrucht (3) enthält flache Samen. An ihren natürlichen Standorten in Mitteleuropa ist die Schachbrettblume vom Aussterben bedroht, weshalb sie streng geschützt ist. Wir können jedoch auf eine Reihe gelungener Züchtungen zurückgreifen wie die weißblütige 'Aphrodite' (4), die tiefdunkle 'Charon', 'Poseidon' mit ausgeprägtem Würfelmuster usw.

Wesentlich robuster ist die auffällige hellgelbe Zwerg-Fritillarie

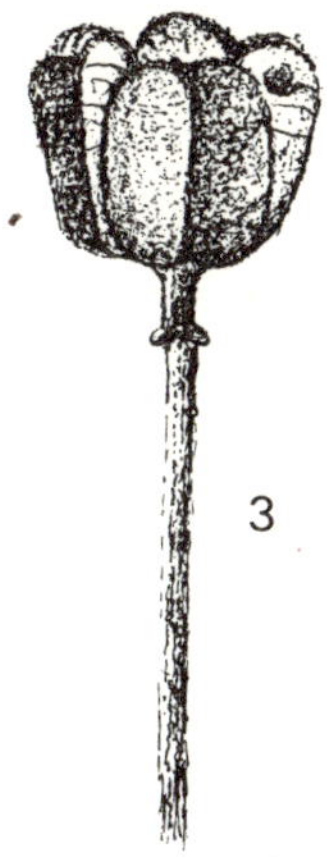

3

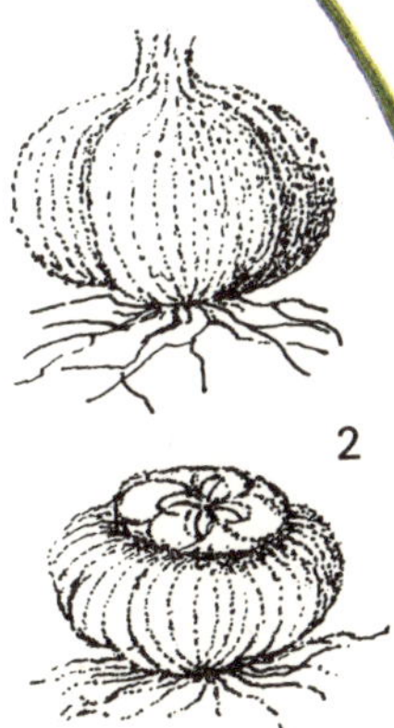

2

1

4

(*F. pallidiflora* Schrenk) (5). Sie hat eine um vieles größere Zwiebel und wird bis zu 50 cm hoch. Ihr Sproß ist reich beblättert und aus den Achseln der oberen Blätter wachsen an kurzen Stielchen 3–9 im April sich öffnende gelbliche Glockenblüten. Die Pflanztiefe für die Zwiebeln beträgt 10 cm.

Oktober-Enzian *Gentiana sino-ornata* Balf. f.

Enziane sind aus dem Steingarten nicht wegzudenken. Manche Arten fallen durch große blaue Blumen auf, so der am häufigsten gepflanzte Trichterenzian mit der für eine ganze Gruppe ähnlicher Arten gleichen lateinischen Sammelbezeichnung *G. acaulis* L. Außer den vorwiegend blauen Blüten kennen wir auch weiße, gelbe und violette Enzianblüten. Bei geschickter Artenwahl können wir uns ihres Flors vom Frühling bis zum Herbst erfreuen. Zu den Herbstenzianen zählt u. a. *G. sino-ornata.* Insgesamt umfaßt die Gattung mehr als 900 einjährige und auch ausdauernde Arten. Wir finden unter ihnen kaum 5 cm hohe Zwerge, aber auch Zwei-Meter-Riesen. Die Stengel sind aufrecht oder niederliegend, einige Enziane wachsen in herrlichen Büscheln, andere wieder als dichte Teppiche.

Außer in Afrika sind die Enziane auf der ganzen Welt verbreitet. Sie wachsen in Niederungen und Gebirgen, an trockenen versteppten Hängen, auf steinigen oder grasbewachsenen Flächen, auf Geröllfeldern, Weiden, Kahlflächen in den Bergen, in lichten Wäldern, auf feuchten Wiesen oder gar in Torfmooren. Aus dieser Vielfalt ergeben sich naturgemäß auch die unterschiedlichsten Kulturansprüche. Meist ziehen wir die Enziane aus Samen, einige Arten lassen sich durch Teilung oder Stecklinge vermehren.

2

Der Oktober-Enzian *(G. sino-ornata)* (1), blüht im späten Herbst. Seine niederliegenden, dicht belaubten Triebe bewurzeln an den Enden und bilden unter zusagenden Bedingungen breite grüne Teppiche. Er liebt humosen sauren Boden und kann als Deckbepflanzung für Zwiebelgewächse dienen. Im Frühling bieten ihm die Blätter der Zwiebelblumen den nötigen Schatten, nach deren Einziehen steht ihm dann genügend Sonne zur Verfügung.

Sehr zeitig erblüht der Frühlings-Enzian (*G. verna* L.) (2). In freier Natur finden wir ganze blaue Bestände dieses Bewohners der europäischen und sibirischen Vorgebirge und Gebirge, aber im Steingarten gelingt seine Zucht nicht immer. Wir geben ihm einen eher halbschattigen Platz. Sein Bedürfnis nach Feuchtigkeit befriedigen wir, indem wir der humosen Gartenerde zerkleinertes *Sphagnum* beimengen. Wir können ihn auch in die Nähe von Gräsern setzen, die allerdings nicht aggressiv sein dürfen.

Ein Sommerblüher ist der Kranzenzian (*G. septemfida* Pall.) (3). Er benötigt keine besondere Pflege und gedeiht in normaler Gartenerde abseits der prallen Sonne gut. Oft verwendet wird die var. *lagodechiana* Kusn. mit niederliegenden, lediglich an den Enden aufsteigenden Trieben.

Dalmatiner Zwerggeranium Storchschnabelgewächse
Geranium dalmaticum
(Beck) Rech. f. *Geraniaceae*

Unter den Storchschnabelgewächsen befinden sich die unterschiedlichsten Wuchsformen: Niedrigbleibende *(G. dalmaticum)* und bis zu 80 cm hohe Exemplare, Büschel bildende wie auch Knollengewächse (*G. tuberosum* L.). Neben kleinblütigen Unkräutern gibt es bezaubernde Steingartenpflanzen. Sehr schön sind die bestielten, handförmig geteilten Blätter, die sich zu bodenständigen Rosetten vereinigen. Verschiedene Rosatöne überwiegen bei den aus fünf Kronblättern gebildeten Blüten. Äußerst interessant sind die sogenannten Schnabelfrüchte. Die Griffel verwachsen zu einer Art langem Schnabel, der in der Reife in fünf je einen Samen tragende Teile aufreißt. Diese krümmen sich und schleudern die Samen weit fort (4), wodurch sich die Pflanzen schnell verbreiten.

Vermehrt wird leicht durch Samen. Sie werden im Februar oder März ausgesät und im Herbst können wir bereits die Sämlinge an Ort und Stelle pflanzen. Ältere Exemplare werden im zeitigen Frühjahr oder im Herbst geteilt.

Für den Steingarten geeignet ist das Dalmatiner Zwerggeranium *(G. dalmaticum)* (1). Nach kurzer Zeit bildet es breite, das ganze Jahr hindurch schöne, nur 8—12 cm hochwerdende Polster. Nach der Blüte im Juli und August nehmen seine Blätter eine reizvolle rote Färbung an. 'Album' heißt seine anmutige weißblühende Gartenform.
G. dalmaticum fordert gut durchlässige, mit Schotter versetzte Gartenerde und einen vollsonnigen Platz.

Aus Neuseeland und den Anden kommt *G. sessiliflorum* Cav. var. *nigrum* (2). Seine im Durchmesser bis zu 20 cm messende bodenständige Rosette bilden langgestielte, braune, rundliche Blätter. Der Flor währt von Juli bis Oktober, gelegentlich auch länger. Die winterfeste, kaum Ansprüche stellende Pflanze setzen wir in eine sonnenbestrahlte Steinspalte oder ins Geröllfeld. An günstigen Standorten verbreitet sie sich durch Selbstaussaat, verwildert jedoch nicht. Ältere Exemplare lassen sich nicht verpflanzen, da sie über eine starke

4

3

1

Pfahlwurzel verfügen. Vorsichtshalber sollte man sie im Winter leicht abdecken.

Wirklich schön ist der europäische Blut-Storchschnabel (*G. sanguineum* L.) (3). Zu seiner Zierde tragen nicht nur die sich von Mai bis August öffnenden, großen rosaroten Blüten bei, sondern auch die hellgrünen, tief handförmig geteilten Blätter, die im Herbst eine auffallende Rotfärbung annehmen. *G. sanguineum* wird bis 45 cm hoch und ist daher eher für größere Steingärten bestimmt. Für kleinere Anlagen eignen sich die weniger wüchsigen Sorten 'Nanum' und 'Lancastriense'.

2

Kriechendes Schleierkraut, Kriechendes Gipskraut

Nelkengewächse

Gypsophila repens L.

Caryophyllaceae

Das Schleierkraut kommt in etwa 100 reichblühenden, genügsamen Arten vor, die in Europa und Asien verbreitet sind. Die einjährigen bis ausdauernden Pflanzen tragen an stark verzweigten Trieben schmale gegenständige, aschgrau getönte Blätter. Zu reichen Blütenständen häufen sich kleine Blüten mit rosa- oder weißgefärbten, flach ausgeschnittenen Kronblättern. In der Reife erscheinen Kapselfrüchte.

An seinen Standort stellt das Schleier- oder auch Gipskraut keine besonderen Ansprüche. Am kompaktesten im Wuchs und am blühwilligsten wird es in voller Sonne und gut durchlässigem Boden, dem man noch Kalk zusetzen kann.

Für die Vermehrung stehen uns drei Möglichkeiten offen: Teilung im August, Stecklinge im Mai oder Juni, Samenaussaat im April.

Das Kriechende Schleierkraut *(G. repens)* (1), ist ein bescheidenes, reich verzweigtes Kraut mit verholztem Wurzelstock. Es schmückt sich nicht nur mit einer wahren Blütenschwemme von Juni bis August, sondern entzückt ebenso durch sein graugrünes Laub an niederliegenden, in manchen Fällen rötlich verfärbten Stengeln. Ausgezeichnet bewährt es sich auf der Trockenmauer oder oberhalb eines Felsblocks, über den die Zweige herabhängen können. Um seinen vorteilhaften dichten Habitus zu erhalten, schneiden wir es alle 2—3 Jahre nach dem Flor um ein Drittel oder bis zur

2

Hälfte zurück. *G. repens* gedeiht in den west- und mitteleuropäischen Gebirgen bis zur alpinen Höhenstufe auf kalkhaltigen Felsen und Geröll. Wir können es auch im Steingarten mit saurem Untergrund erfolgreich einsetzen.

Im Himalaja beheimatet ist die sich zu 5—10 cm hohen Polstern mit leicht niederliegenden Sprossen entwickelnde *G. cerastioides* D. Don (2). Dieses bezaubernde, willig wachsende Steingartengewächs bildet leider erst im Alter weiße, rosageäderte Blüten, die sich im Mai und Juni öffnen. Für sie empfiehlt sich ein halbschattiger Platz.

Die spröde *G. bungeana* D. Dietr. (3) stammt aus Sibirien und dem Altai. Sie ist etwa 10 cm hoch, hat feine weiße Blüten und in Grundrosette angeordnete grüne schmale Blätter.

1

3

Gewöhnliches Sonnenröschen, Münz-Sonnenröschen

Cistrosengewächse

Helianthemum nummularium (L.) Mill. non Grosser

Cistaceae

Das Sonnenröschen wächst überwiegend im Mittelmeerraum wild, einige Arten kommen jedoch bis zum Polarkreis hinauf vor. Sie haben reichbeblätterte niederliegende bis aufsteigende Stengel und schmale linear-lanzettliche, ganzrandige, dunkelgrüne Blätter. Meist gelbe Blüten bilden von Mai bis in den September schwachbesetzte endständige Trauben. Die Blütenkrone ist fünfblättrig symmetrisch, der Fruchtknoten reift zu einer dreifächerigen Samenkapsel (4).

Für den Steingarten nehmen wir vor allem die hochgezüchteten Sorten des Sonnenröschens mit weiten lichten Büscheln bis Polstern. Sie lieben pralle Sonne, mageren Sandboden und gute Dränage. Vorzüglich eignen sie sich für Trockenmauern und große Steingartenanlagen. Nach dem Abblühen schneiden wir sie stark zurück, damit wir dichte, kleine Büschel erhalten.

Wildarten können durch Samen vermehrt werden, die hochveredelten Sorten durch Stecklinge. Die Samen werden im April in den Boden gebracht, die Stecklinge gewinnen wir im Juni und pikieren sie ins Frühbeet oder unter Glas. An Ort und Stelle kommen sie im darauf folgenden Jahr.

Auf sonnigen, trockenen Hängen und in Steppen Zentraleuropas ist das Gewöhnliche oder Münz-Sonnenröschen *(H. nummularium)* (1) heimisch, ein große gelbe Blüten tragender zwergiger Halbstrauch.

Dichte, immergrüne Teppiche bildet das Alpen-Sonnenröschen, (*H. oelandicum* ssp. *alpestre* [Jacq.] Breitstr.) (2). Es bringt von Juni bis August reichen Blütenschmuck. Seine natürlichen Standorte sind Felsen und Geröll in den höheren Lagen europäischer Gebirge. Gibt es dort kalkhaltigem Untergrund den Vorzug, so ist das Alpen-Sonnenröschen im Steingarten in dieser Hinsicht nicht wählerisch.

Häufiger als die Wildart des Sonnenröschens finden wir im Steingarten verschiedene Züchtungen mit farbenprächtigen einfachen oder gefüllten Blüten. Die von den Züchtern als Ausgangspunkt verwendete Stammart mit der Bezeichnung *Helianthemum*-Hybride ist unbekannten Ursprungs. Hier seien nur einige Sorten erwähnt: 'Gelbe Perle' — gelb gefüllt; 'Rubin' — gefüllt, sattrot (3); 'Queen' — einfach, weiß; 'Supreme' — einfach, rot; 'Rubens' — rosa mit roter Mitte; 'Rose Queen' — einfach rosa.

1
2
3
4

Strohblume

Helichrysum milfordiae Killick
syn. *H. marginatum* hort. non DC.

Korbblütengewächse
Asteraceae

Die bekannte einjährige Strohblume mit ihren farbenfrohen Blütenkörben gehört zur Gattung *Helichrysum,* die etwa 500 Arten von verschiedenartigem Habitus und Wuchs umfaßt. Sie sind in Europa, Afrika, auf Neuseeland und in Australien verbreitet. Ihre einfachen Blätter sind meist filzig behaart, die Blüten bilden einzelne oder zu Doldentrauben vereinte, mehr oder weniger große Körbchen. In der Reife erscheinen flaumtragende Schließfrüchte.

Die Strohblumen setzen wir im Steingarten in gut durchlässigem, kräftig von der Sonne beschienenem Sandboden an. Wir können sie aus Samen ziehen, üblich ist jedoch die Vermehrung durch Teilung im Juli oder durch weiche Stecklinge von Juni bis August.

Zu den schönsten Zwergen im Steingarten gehört ohne Zweifel *H. milfordiae* (1) aus Kapstadt. Einzeln stehende Blütenkörbe setzen sich aus innen weißen und außen karminroten Zungenblüten zusammen, so daß die Knospen rosa, die entfalteten Körbchen aber weiß erscheinen (2). Ihre Blütezeit ist Mai bis Juli. Gegen den größten Feind dieser anmutigen Pflanze — die Nässe — muß sie im Winter durch Abdeckung geschützt werden. Haben wir ihr einen günstigen Standort gegeben, dankt sie es uns nicht nur mit einem herrlichen niedrigen, aber dichten Grauteppich, der das gesamte Gelände einschließlich der Steine überzieht, sondern auch mit einer Fülle schöner Blüten.

Eine sehr bemerkenswerte Art ist *H. selago* (Hook. f.) Benth. et Hook. f. ex Kirk. (3). Schwach verzweigte Triebe, niederliegend bis aufsteigend, tragen in dichter Folge winzige, glänzend dunkelgrüne, dachartig angeordnete Blätter, so daß sie wie feine, nur 2—3 mm starke Vierkante wirken. Am Stengelende erscheint ein kleiner gelblichweißer Blütenkorb. In der Kultur fordert diese Art einen vollsonnigen Platz mit ausgezeichneter Dränage. Zusätzlich häufen wir um den Wurzelhals noch Kies als Schutz vor Nässe. Da die Pflanze aus den Bergen des tropisch-warmen Neuseelands stammt, bedecken wir sie im Winter mit Reisig und Folie oder Glas.

Gänzlich anspruchslos ist die Sand-Strohblume (*H. arenarium* [L.] Moench) (4). In magerer Erde und bei Vollsonne wird sie 10 cm groß, in nährstoffreichem Humusboden erreicht sie dagegen eine Höhe von 40 cm. Die einzelstehenden goldgelben Blütenkörbchen sind zwar recht klein, bilden aber von Juli bis Oktober reiche Blütenstände.

3

4
1
2

Zottiges Habichtskraut, Silberhaar-Habichtskraut
Hieracium villosum Jacq.

Korbblütengewächse
Asteraceae

Es gibt nur wenige Habichtskrautarten, die sich im Steingarten anbauen lassen, obwohl die Gattung sehr reich an Arten ist. Ihre Unterscheidung ist äußerst schwierig, da sie sich untereinander stark ähneln und es außerdem eine Reihe von Übergangsformen und fruchtbaren Kreuzungen gibt. In Europa und Amerika ist das Habichtskraut stark verbreitet.

In ihrer Mehrheit tragen die Pflanzen bodenständige Blattrosetten und sind mit Haaren oder Drüsen bedeckt. Die an den Stengelenden sitzenden Blütenköpfe setzen sich ausschließlich aus Zungenblüten – überwiegend weißen, selten orangefarbenen bis roten – zusammen. Ihnen folgen walzenförmige und flaumbedeckte Schließfrüchte.

Mit der Pflege der Habichtskräuter gibt es keinerlei Schwierigkeiten. Es genügt ihnen gewöhnliche Gartenerde. Sind auch einige Arten in der Natur an Kalkuntergrund gebunden, so gedeihen diese im Steingarten ebenso gut auf saurem Gestein. Wir pflanzen in trockenen steinigen Boden in die pralle Sonne. Vermehrt wird problemlos durch Teilung oder aus den gutkeimenden Samen. Oft kommt es zur Selbstaussaat.

Die hübscheste Art für den Steingarten ist das Zottige oder Silberhaar-Habichtskraut *(H. villosum)* (1). Es wird 15–35 cm hoch und ist ganz mit dichtem langabstehenden Haar bedeckt, als wäre es in einen dünnen, weißen, durchscheinenden Pelz gehüllt. Der belaubte Stengel ist schwach verzweigt. Am Ende jedes Zweiges erscheint im Juni und Juli, eventuell auch im August, ein bis zu 3 cm großer

2

leuchtendgelber Blütenkorb. Im Laufe der Zeit entstehen volle Büschel. In der Natur gedeiht dieses Habichtskraut auf Geröll, Felsen und Hochgebirgs-Kahlflächen.

Lediglich 5—15 cm hoch ist das Kleine Habichtskraut oder auch Mausohr (*H. pilosella* L.) (2). Aus der Grundrosette wachsen zahlreiche dünn beblätterte Ausläufer, die bald einen ins Graue spielenden Teppich bilden. Hell zitronengelbe Blüten öffnen sich im Mai und zeigen ihre Schönheit nicht selten bis in den Oktober hinein. Das in ganz Europa bis den Nordwesten Sibiriens heimische Kleine Habichtskraut kann auch als Rasenersatz genommen werden.

Durch die wunderschöne Blütenfarbe fällt das Orangerote Habichtskraut (*H. aurantiacum* L.) (3) auf. Es ist 20—40 cm hoch und kommt in den Gebirgen Mitteleuropas vor. Seine länglichen behaarten Blätter bilden eine Rosette. Von Juni bis August schmückt es sich mit orangefarbenen bis orangeroten Blütenkörben. Einerseits durch reichlich auftretende Ausläufer, andererseits durch Samen, verbreitet sich die Art recht schnell und eignet sich daher nicht für kleine Steingärten. Weniger wuchernd ist das Rote Habichtskraut (*H.* × *rubrum* Peter).

Vorfrühlingsiberis, Schleifenblume Kreuzblütengewächse
Iberis saxatilis L. *Brassicaceae*

Der Gattung *Iberis* gehören etwa 40 Arten an, die vor allem im Mittelmeerraum verbreitet sind. Unter ihnen sind einjährige und mehrjährige Kräuter sowie Halbsträucher. Die Schleifenblumen gehören der Familie der Kreuzblütengewächse, *Brassicaceae,* an, für die Blüten mit je 4 Kronblättern und 4 Kelchblättern (2+2) typisch sind. Ihre Blüten sind strahlig, d. h. durch mehrere Symmmetrieachsen teilbar, nur die sich am Rande des Blütenstandes befindenden Blüten besitzen zwei wesentlich größere äußere Kronblätter und sind daher nur in einer Ebene symmetrisch. (5).

Im Steingarten eignen sich die Schleifenblumen vorzüglich für prallsonnige Plätze. Wir geben sie in normale Gartenerde mit guter Dränageschicht, können sie aber auch mit Erfolg für die Trockenmauer verwenden. Einen schönen kompakten Wuchs erreichen wir, indem wir die Pflanzen nach der Blüte um etwa ein Drittel zurückschneiden. Vermehrt wird leicht durch Stecklinge, die von April bis August geschnitten werden. Die unteren, liegenden Zweige treiben leicht Wurzeln. Das Einfachste ist dann, das Zweiglein mitsamt den Wurzeln abzuschneiden und einzupflanzen.

Zu einem nur 10—15 cm hohen, immergrünen Halbstrauch wächst die Vorfrühlingsiberis *(I. saxatilis)* (1) heran. Ihre dichten Kugelpolster scheinen im April und Mai in weißen Blütenschnee gehüllt zu sein. Sie gedeiht an felsigen Plätzen in Südeuropa von der Iberischen Halbinsel bis zum Schwarzen Meer.

Robuster ist die bis zu 40 cm hochwerdende Immergrüne Schleifenblume (*I. sempervirens* L.) (2). Sie ist für große Steingärten geeignet, da sie bis zu 1 m breite Polster bildet. Ihre Triebe sind verzweigt, besonders an den Enden dicht belaubt und tragen weiße Blütentrauben. Während des Hauptflors, im Mai und Juni, sind die Blätter unter dem üppigen Blütenmeer nicht zu sehen. Auch in den übrigen Monaten des Jahres ist *I. sempervirens* mit ihren glänzenden dunkelgrünen Blättern und dem gleichmäßigen Wuchs, den wir ihr durch Beschneiden nach der Blüte verleihen, eine Zierde des Gartens. Ihre Früchte sind runde Schoten (3). Es wurden sehr schöne Sorten gezüchtet, z. B. die etwa 25 cm hohe 'Schneeflocke', die zu den niedrigsten zählende 'Little Gem' ('Wiener Zwerg') (4) und die reichblütige 'Nana' ('Gracilis Nana'). Etwa 20 cm hoch wird 'Findel' mit großen weißen Blüten, eine vorzüglich gedeihende reichblühende Sorte.

5

2

4

3

1

Zwar sind die Zwiebel-Schwertlilien winterfest, doch verlangen sie umfangreichere Pflege als die Wurzelstöcke bildenden Schwertlilien. Es ist keine leichte Aufgabe, ihnen die Bedingungen der heimischen Steppen des Nahen Ostens — viel Sonne und Trockenheit — zu schaffen. An feuchten Standorten blühen sie schlecht und leiden häufig an Krankheiten. Besonders achten wir auf eine wirksame Entwässerungsschicht und humose, sandige, leichte Pflanzerde. Vor allem nach dem Einziehen müssen die Schwertlilien Trockenheit und Wärme haben. Wir bedecken sie daher in regenreichen Sommern mit Glas oder nehmen, sobald die Blätter zu gilben beginnen, die Zwiebeln aus der Erde und bewahren sie an einem trockenen und warmen Platz auf Im Oktober stecken wir sie dann wieder 6—8 cm tief in die Erde. An feuchteren Standorten empfiehlt es sich, dies jedes Jahr zu wiederholen.

Im mitteleuropäischen Klima zerfallen oft selbst große blühfähige Zwiebeln in viele kleine Zwiebelchen, die zu keiner Blüte fähig sind. Sollte sich dies wiederholen, bleibt uns nichts anderes übrig, als jedes Jahr frische Steckzwiebeln zu kaufen. Zwiebeliris vermehren wir nicht nur durch Tochterzwiebeln, sondern auch durch die keimkräftigen Samen. Nach 3—4 Jahren bringen die Sämlinge erste Blüten.

Die niedrige Bergsteppeniris (*I. danfordiae* [Bak.] Boiss.) (1) hat eine ansehnliche längliche, gelblichbraune Zwiebel mit faseriger Schale. Ihre Blätter erscheinen mit der Blüte, also im März oder gar schon im Februar, erreichen die volle Länge von rund 30 cm aber erst nach der Blüte. Sie sind schmal, vierkantig, mit einer wie aufgesetzt wirkenden helleren Spitze. Nach dem Einziehen der Blätter entwickelt sich dicht über dem Boden die Samenkapsel.

Öfter in Kultur findet man die härtere Netzblattiris (*I. reticulata* M. B.) Sie wird 10—15 cm hoch und trägt im Februar und März eigenartige blaue Blüten. Ihre schmalen Vierkantblätter mit hellerer Spitze zeigen sich des öfteren bereits im Herbst, erlangen jedoch nach dem Flor erst mit 35—40 cm die volle Länge.
Es wurde eine Vielzahl von Sorten gezüchtet: 'Clairette', 'Cantab' und 'Joyce' mit hellblauen Blüten (3), 'Harmony' tiefblau, 'J. S. Dijt' dunkellila (2), 'Royal Blue' dunkelblau und die dunkelviolette 'Wetworth'.

1
3
2

Amerikanische Zwergiris
Iris lacustris Nutt.

Schwertliliengewächse
Iridaceae

Der Gattung *Iris* gehören zahlreiche zwergige wie wüchsige Arten mit den mannigfaltigsten Sorten an. Neue Kreuzungen lassen unaufhörlich weitere Sorten entstehen. In ihrer Mehrheit sind dies hohe, großblumige Pflanzen verschiedenster Farben und Farbkombinationen. Für den Steingarten wählen wir schwachwüchsige Arten mit zwar kleineren, aber dafür zarteren und anmutigeren Blüten aus.

Die kriechenden knollenähnlichen Wurzelstöcke bildenden Schwertlilien tragen schmal- oder breitlineare bis lanzettliche Blätter. Ihre großen, eigenartig geformten Blüten reifen zur Samenkapsel, die bei einigen Arten Zierwert hat. 3+3 radiär stehende Blütenblätter sind unten zu einer Röhre verwachsen. Drei der Blütenblätter sind größer und breiter, zurückgeschlagen und besitzen eine bärtige Mittelrippe, während die drei inneren schmaler und aufrecht sind. Unter den drei Griffelästen sind drei Staubbeutel verborgen. Die Rhizom-Schwertlilien vermehren wir durch Teilung des Wurzelstockes, wobei die einzelnen Stücke möglichst flach etwa einen Monat nach der Blüte gesteckt werden, oder durch Samen, die sofort nach der Reife gesät werden.

Recht niedrig (5—8 cm) bleibt die zu den Stammarten zählende Amerikanische Zwergiris *(I. lacustris)* (1). Sie besitzt kriechende Wurzelstöcke, schwertförmige Blätter und azurblaue Blüten. Nur wenig höher wird *I. cristata* Ait., der am besten Humusboden, ein feuchterer Standort und Halbschatten zusagt.

Sehr beliebt ist die Zwergschwertlilie (*I. pumila* L.) (2), deren Stammform gelbe oder blaue Blüten hervorbringt. In den Gärten sehen wir oft ihre Hybriden in den verschiedensten Blütenfarben.

Eine der winzigsten Arten (5—10 cm) ist *I. flavissima* Pall. Ihr Stengel trägt im April und Mai eine, selten zwei sattgelbe Blüten, die Ende des Sommers zu länglichen etwa 3 cm großen Samenkapseln reifen (3). Wir pflanzen in sandig-steinigen Boden, dem wir Kalkschotter beigeben.
I. flavissima verlangt gute Dränage und liebt volle Sonne sowie im Winter Trockenheit.

Schmale, an Gras erinnernde, bis zu 40 cm lange Blätter hat die Pflaumen-Iris (*I. graminea* L.), auch Grasblättrige Schwertlilie genannt. Die blaue Blüten tragenden Stengel werden von den Blättern überragt. Die Kapselfrucht mit abgeflachten Samen wirkt zierend (4). Im Steingarten verpflanzen wir sie an einen trockenen Standort.

3
1
2
4

Gewöhnlicher Wacholder Zypressengewächse
Juniperus communis *Cupressaceae*

Die Wacholder weisen eine breite Palette der Wuchsformen auf — von schlanken Säulen über Kegelformen und breitausladende Sträucher bis zu zwergigen Kriechgehölzen. Ihre Nadeln sind entweder kurzlinear, stechend und abstehend, oder sie sind winzig und schuppenähnlich. Wacholder sind zweihäusige Pflanzen, auf einem Exemplar sind entweder nur weibliche oder nur männliche Blüten vorhanden. Die dunkelblauen Scheinbeeren finden als Gewürz Verwendung.

Sehr schöne Gartenpartien lassen sich durch Kombination der verschiedenen Arten und Sorten erzielen. Neben der Form unterscheidet sie noch ihre Farbe, so kennen wir dunkelgrüne, silbrige und goldfarbene Wacholder.

Alle Arten lieben viel Sonne, im Schatten werden sie licht und von unschöner Gestalt. Meist sind sie frostsicher, nur einige Kulturformen sind etwas empfindlicher. In leichten Sandböden gedeihen sie besser als in schweren, lehmigen Böden. Zwar lieben sie Kalkuntergrund, er ist aber für eine erfolgreiche Kultur keine Bedingung.

Im Steingarten verwenden wir verschiedene Sorten, die sich leicht durch Schnittlinge im Juli oder August vermehren lassen.

Für unseren Steingarten wählen wir eine der vielen Kulturformen, da die Stammart *J. communis*, der Gewöhnliche Wacholder (1) irgendwie unordentlich, zerzaust wirkt. Ganz niedrig ist der Liliput-Säulenwacholder (*J. communis* 'Compressa') (2). Er wächst sehr langsam, nach vielen Jahren erreicht er eine Höhe von 60—70 cm. Seine feinen Nadeln sind 4—7 mm lang. Bei strengem Frost friert er zurück, weshalb wir ihn an einen geschützten Ort setzen müssen. Gut geeignet für Miniatursteingärten wie Trog oder Schale.

3

Interessante Zwergformen existieren auch von anderen großen Wacholderarten. So erreicht *J. chinensis* 'Plumosa Aurea' (3) mit seinen goldgelben Schuppenblättern nach langer Zeit 1 m Breite und Höhe.

Der schlankeste Nadelbaum ist der Virginische Sadebaum (*J. virginiana* 'Skyroket') (4). Bei einer Gesamthöhe von 3—4 m wird er lediglich 20—30 cm breit. Seine schuppenartigen Nadeln (5) sind silbriggrau gefärbt. Wenig breiter ist *J. communis* 'Stricta' mit schmalen Stechnadeln. Zu den niedrigbleibenden silberfarbenen Wacholdern zählt auch *J. squamata* 'Blue Star'.

5
2
1
4

Markisenblume Portulakgewächse
Lewisia cotyledon (S. Wats.) Robins. *Portulacaceae*

Noch vor wenigen Jahren gehörten die Lewisien zu den Seltenheiten des Steingartens. Wollen wir die aus dem nordamerikanischen Felsengebirge (Rocky Mountains) stammenden Gewächse erfolgreich halten, müssen wir ihre grundlegenden Ansprüche respektieren. In erster Linie verlangen sie eine perfekte, wenigstens 50 cm tiefe Entwässerungsschicht. Am besten werden die nässeempfindlichen Pflanzen in senkrechte Felsspalten gepflanzt, wo das Wasser abfließen kann und nicht in der Blattrosette stehen bleibt. Der Boden soll sauer sein mit Beimengungen von Schotter, Sand, Torf und natürlichem Humus und er muß nährstoffreich sein, weshalb wir trockenen zerkleinerten Kuhdung zugeben. Die Pflanzenhälse schützen wir mit einem Kranz aus feinem Schotter oder Kies vor der Naßfäule. Am günstigsten ist eine nach Osten orientierte Pflanzstelle, die nicht in der prallen Sonne liegt. Von Zeit zu Zeit vertragen die Pflanzen nachgedüngt zu werden, am besten mit einer abgestandenen Kuhfladenlösung. Die immergrünen Lewisienarten, wie etwa *L. cotyledon,* müssen wir im Winter gegen die Feuchtigkeit abdecken. Einziehende Arten, wie z. B. *L. pygmaea* var. *nevadensis* (A. Gray) Fosb., *L. brachycalyx* Engelm. ex A. Gray, *L. rediviva* Pursh benötigen keinen Winterschutz.

Wegen der langen fleischigen Wurzeln lassen sich die Lewisien nicht umsetzen, können aber leicht aus Samen gezogen werden, die direkt nach der Ernte auszusäen sind. Die Samen keimen gut und wir finden auch oft eine größere Zahl wilder Sämlinge in der Nähe der abgeblühten Pflanzen. Farbechte Nachkommen erzielen wir jedoch durch Teilung der Blattrosetten. Dank ihrer großen Kreuzungsfähigkeit blühen die Lewisien in breiter Farbpalette.

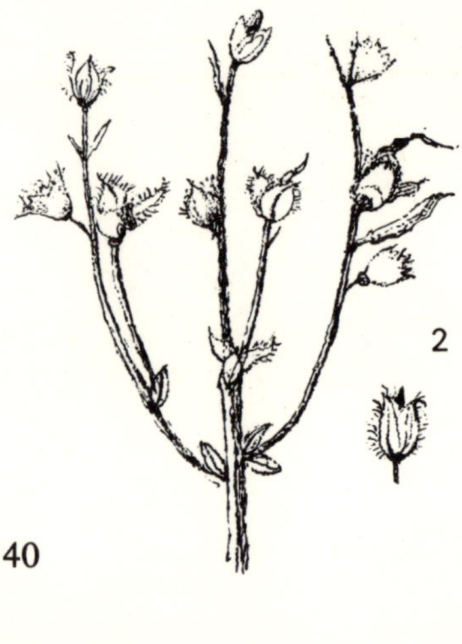

2

Eine der beliebtesten Arten ist die Markisenblume *(L. cotyledon)* (1). Glatte Fleischblätter, 3—15 cm lang und am Rande häufig gewellt oder mit roter Randlinie versehen, bilden formenreiche Bodenrosetten. Bis zu 15 Kronblätter können die Blüten haben, deren Farbe weiß, orange, meist hellrosa bis rot ist. Oft sind sie auch mit dunkleren Streifen verziert. Florzeit ist Mai und Juni, als Früchte bilden sich kleine feinsamige Kapseln (2).

Eine hellgrüne Rosette aus schmalen,

1

fleischigen Blättern weist *L. columbiana* (Howell) Robins. (3) auf. Ihre etwas kleineren Blüten erscheinen im Juni und Juli. Sie ist vorzüglich für den Natursteingarten geeignet.

3

Straußhyazinthe, Bisamhyazinthe Liliengewächse
Muscari botryoides (L). Mill. emend DC *Liliaceae*

Die Traubenhyazinthen sind dankbare Zwiebelgewächse ohne große Ansprüche, die wir zur Bedeckung größerer Flächen verwenden können. Sie wirken mit ihrer langanhaltenden tiefblauen Blüte im Frühjahr ungemein dekorativ. Wir pflanzen sie in Gruppen unter hohe Gehölze, an Gebüschränder oder in den Steingarten.

Der Gattung gehören etwa 50 Arten an, die vor allem um das Mittelmeer, aber auch bis Mitteleuropa und Kleinasien verbreitet sind. Der grauweißen Zwiebel entsprießen einige lineare flache oder rinnige Blätter sowie ein einfacher aufrechter Schaft mit der mehr oder weniger dichten Blütentraube an der Schaftspitze. Die nickenden Einzelblüten an kurzen Stielchen bilden eiförmige Kronen mit 6 kleinen weißen Zipfeln. Nach dem Flor folgen geflügelte dreifächerige Kapselfrüchte.

Wir stecken die Zwiebeln der Traubenhyazinthen im September oder Oktober 6—8 cm tief in durchlässigen Gartenhumus. Von Juli bis August ziehen die oberirdischen Teile ein, während die Zwiebeln frosthart sind und viele Jahre an ihrem Standort verbleiben können. Ein weiterer Vorteil ist, daß sie von den Mäusen verschont werden. Benötigen die Pflanzen in der Wachstumsperiode ausreichend Wasser, so sind sie in der Zeit der Vegetationsruhe für Trockenheit dankbar. Im Herbst führen wir ihnen neue Nährstoffe zu, am besten in Form von gutem Kompost. Wir vermehren die Traubenhyazinthen durch Tochterzwiebeln (4).

Die Straußhyazinthe *(M. botryoides)* (1), wird am häufigsten gezogen. Zwischen 2—3 breitlinearen, rinnigen, aufrechten Blättern sprießt der 10—15 cm hohe Blütenschaft mit einer dichten Traube 10—20 blauer Blüten am Ende. Nach dem Flor reifen die gleichmäßig abstehenden Blütenstiele zu Samenkapseln. In den lichten Laubwäldern Mittel- und Südeuropas gedeiht die Art wild. Es befinden sich einige sehr schöne Varietäten in Gartenkultur: Die weißblühende var. *album* SW. (2) oder als zweites Beispiel die rosaangehauchte var. *carneum* Arnott.

Aus dem Nordosten Kleinasiens kommt die stattlichere Art *M. armeniacum* Bak. Je eine Zwiebel bringt 6—8 schmale Blätter und mehrere 20—25 cm hohe Schäfte mit bis zu 10 cm langen Blütenständen hervor. Die kobaltblauen Blüten zeigen sich im April und Mai. Durch ihre großen Trauben fällt die Sorte 'Blue Spike' (3) auf.

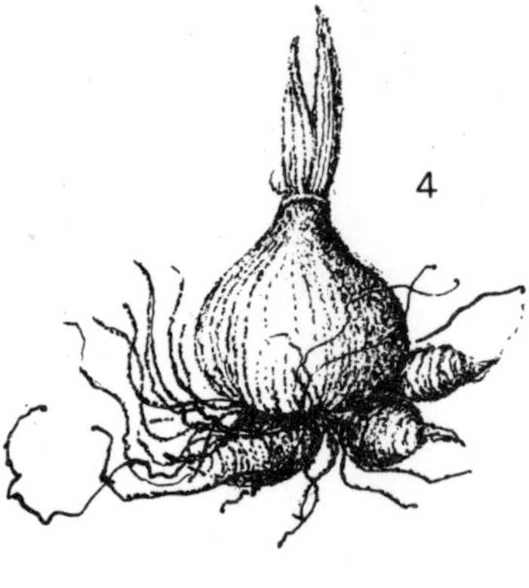

4

2
3
1

Alpenveilchennarzisse Amaryllisgewächse
Narcissus cyclamineus DC. ex Redouté *Amaryllidaceae*

Zu den ältesten in Kultur befindlichen Zwiebelgewächsen zählt die Narzisse. Ihr Hauptverbreitungsgebiet sind die Mittelmeerländer und Europa. Im Garten werden vorwiegend die durch wiederholte Kreuzung hoch gezüchteten Sorten mit auffälligen großen Blüten gepflanzt. Für den Steingarten bevorzugen wir jedoch die niedrigen Wildarten. Zwar können sie sich in der Größe der Blüten nicht mit den veredelten Narzissen vergleichen, doch übertrumpfen sie sie an Zartheit und Anmut. Die Blätter der Narzissen sind linear und aufrecht. In der Achsel der häutigen Blütenscheide entspringen einzelne oder mehrere Blüten mit sechszipfligen, verschieden langen Röhren. Nach der Form der Blütenkrone werden die Narzissen in mehrere Gruppen unterteilt.

Alle Narzissen verlangen lockeren, nährstoffreichen, lehmigsandigen, sauren Boden, der sehr gut durchlässig sein muß. Im Frühling wollen sie feucht stehen, im Sommer trocken. Bereits Ende August bis September pflanzen wir die Steckzwiebeln in eine Tiefe von 7—10 cm. Wir vermehren mit Hilfe der Tochterzwiebeln oder ziehen sie aus Samen, die wir im Juni oder Juli säen.

Nur 10—15 cm hoch wird die zu den Stammarten zählende Alpenveilchennarzisse *(N. cyclamineus)* (1). Aus ihrer kleinen weißen Zwiebel wachsen im Frühling schmale Blätter sowie der Schaft mit einer einzelnen nickenden, gelben Blüte, die sich im April, nicht selten bereits im März öffnet. Die frostsicheren Zwiebeln müssen nicht aus der Erde genommen werden. Im Steingarten wirkt sie gut neben der blaublühenden Netzblattiris *(Iris reticulata)*. Durch Veredlung der an sich problemlosen Stammform wurde eine Reihe schöner Sorten gewonnen, die oft blühwilliger und noch härter als die Ausgangsart sind.

Schmale Dreikantblätter und zarte Goldblüten trägt die nur 10—12 cm hohe Narzisse *N. rupicola* Dufour (2), die in Spanien und Portugal beheimatet. Sie ist empfindlich und benötigt wirksamen Schutz gegen Nässe, Kälte und besonders gegen winterliche Staunässe.

Gut geeignet für den Steingarten ist auch die Reifrocknarzisse (*Corbularia bulbocodium* [L.] Haw., syn. *N. bulbocodium* L.) (3). Aus einer kleinen Zwiebel (4) sprießen im Herbst schmale Blätter und im Frühjahr der 15—20 cm hohe Schaft mit nur einer Blüte, deren Krone einer Krinoline (Reifrock) ähnelt.

4

2
1
3

Waldsauerklee, Hainsauerklee
Oxalis acetosella L.

Sauerkleegewächse
Oxalidaceae

Von den rund 800 Sauerkleearten werden im Steingarten oder überhaupt im Garten einige wenige gepflanzt. Meist vertragen sie unsere Winter nicht und müssen in Gewächshäusern gehalten werden. Die einjährigen, mehrjährigen oder seltener knollenbildenden Gewächse sind in Südafrika, Süd- und Mittelamerika, vereinzelt auch in Mitteleuropa verbreitet. Neben drei- bis mehrzähligen gestielten Blättern tragen sie radiäre, aus 5 Kronblättern bestehende Blüten. Eine in der Reifezeit ihre Samen herausschießende Kapselfrucht ermöglicht es dem Sauerklee, sich über größere Entfernungen zu verbreiten. Für die mitteleuropäischen Klimabedingungen genügend abgehärtet sind allein die Arten *O. acetosella* und *O. inops.* Alle anderen brauchen Winterschutz und sind in der Regel nicht allzu ausdauernd. Ohne unser Zutun kommt im Steingarten oft der niedrige, zierliche Hornsauerklee (*O. corniculata* L.) auf. Er besitzt bräunlichgrüne Blätter, gelbe Blüten und reichlich überirdische Ausläufer. Nach kurzer Zeit gelingt es ihm, die gesamte Anlage zu verunkrauten. Wir müssen ihn daher sorgfältig ausmerzen.

Wir können den Sauerklee durch Samen, Knöllchen oder durch Abtrennen von Teilen des Wurzelstockes vermehren.

4

Für schattige Steingartenplätze eignet sich der Waldsauerklee *(O. acetosella)* (1). Aus dem dünnen, kriechenden Wurzelstock wachsen ziemlich lange Stiele mit hellgrünen, dreizähligen Blättern. Im April und Mai öffnen sich an 5—10 cm langen Blütenstielen einzelne zarte Blüten mit weißen Kronblättern, die durch ihre violetten Adern noch gewinnen. An günstigen Standorten kann er sogar verunkrauten und muß dann in Grenzen gehalten werden.

Wesentlich empfindlicher, aber wunderschön ist *O. enneaphylla* Cav. (2). Der knollenartige Wurzelstock bringt gestielte, 9—20zählige, zweilappige, silbriggraugrüne Blätter sowie im Mai und Juni weiße bis rosaangehauchte Blüten hervor. Die Art liebt sauren, gut durchlässigen Humusboden, Sonne und Winterschutz.

Völlig frostsicher ist *O. inops* Eckl et Zeyh. (syn. *O. depressa* Jacq.) (3). Aus den kleinen Knollen wachsen dreizählige Blätter an dünnen Stielen und große sattrosarote Blüten mit weißer Mitte. In praller Sonne ist der von August bis Oktober währende Flor am reichsten. *O. inops* verbreitet sich durch kleine Knöllchen.

Die kleinste Sauerkleeart, *O. lactea* Hook. (4) aus Neuseeland, wo sie an humosen schattigen Stellen zu finden ist, breitet sich gut aus. Sie hat dunkle, bräunlichgrüne, dreizählige Blätter und zarte, schneeweiße Blüten.

Zwergalpenmohn, Alpenmohn Mohngewächse
Papaver burseri Crantz *Papaveraceae*

Die Mohne sind einjährige bis ausdauernde Pflanzen mit verschieden geformten Blättern. Am aufrechten Stengel sitzt die auffällige Einzelblüte. Als Knospe nickend, richtet sie sich erst in der vollen Blüte auf. Die in vielen Farben und Formen auftretenden Blumen besitzen 4 im Knospenstadium runzlige Kronblätter, von denen zwei einen noch vor dem Entfalten der Blüte abfallenden Kelch bilden. Die Kapselfrucht mit aufsitzender, scheibenförmiger Narbe enthält viele Samenkörner (3).

Es wurden fast 100 alle sehr variable Mohnarten gezählt. Im Steingarten verwendet man meist die kleinwüchsigen Gebirgsarten *P. burseri*, *P. kerneri* und *P. rhaeticum*. Im Steingarten nimmt man gern auch den hochwerdenden Islandmohn *P. nudicaule* L. mit seiner dichten Bodenrosette aus behaarten, tief eingeschnittenen Blättern. Durch Veredelung entstanden Blumen unterschiedlicher Farbe, von Weiß über Gelb und Orange bis Rot. Der gelbblühende Wildmohn ist eine dankbare, für größere Steingärten bestimmte Art mit von Mai bis in den Herbst andauerndem Flor. Er ist ein- bis zweijährig, hält sich aber im Steingarten durch Selbstaussaat, wenn auch die Farbe nicht echt bleibt.

Die Mohne vermehren sich durch Samen, durch starke Selbstaussaat können sie leicht zur Plage werden. Ältere Exemplare lassen sich wegen ihrer starken Pfahlwurzeln nicht mehr versetzen.

3

In den europäischen Gebirgen von den Alpen bis zum Kaukasus ist *P. burseri* (1) heimisch. Seine an langen Stielen sitzenden graugrünen Blätter sind 2—3mal in feine Abschnitte geteilt und bilden eine bodenständige Rosette. Aus ihr steigen behaarte aufrechte, 10—20 cm hohe Stengel auf, die in große, im Durchmesser bis zu 5 cm messende Blüten enden.

Der Gelbe Alpenmohn (*P. kerneri* [Hayek]) (2) mit gelben bis orangegelben Blüten ist anspruchslos und wirkt nicht nur durch die großen Blüten, sondern auch durch die feingeteilten Blätter. Er gedeiht vorzüglich in voller Sonne in Felsritzen, im Geröll oder kalkhaltigen Schotterböden.

1

2

Fünffaden, Bartfaden Braunwurzgewächse
Penstemon pinifolius Greene *Scrophulariaceae*

Hauptverbreitungsgebiet der artenreichen Gattung *Penstemon* – sie zählt über 200 Arten – sind die Gebirge Nordamerikas. Die Fünffaden-Arten können ausdauernd, zwei- oder einjährig sein, niedrige Teppiche bilden oder auch bis 60 cm hoch werden. Sie besitzen formenreiche gegenständige Blätter sowie radiäre Blüten in vielen Farben mit einer längeren oder kürzeren Röhre.

Wir pflanzen sie an einen trockenen und warmen, geschützten Standort mit gut durchlässiger humusreicher Gartenerde, der wir noch Schotter und Kiefernnadelerde beimengen. Der Fünffaden verträgt pralle Sonne ebenso wie Halbschatten. Wichtig ist vor allem ein saurer Untergrund, da die Pflanzen gegen Kalk allergisch sind. Gegen Winternässe schützen wir sie mit Deckreisig. Oft leidet der Fünffaden unter teilweisem Absterben. Wir entfernen dann den eingetrockneten Zweig und schneiden weiter bis in die saftigen Teile zurück. Bald schießt neues dichtes Gezweig hervor und füllt die kranke Stelle wieder auf. Einige der kriechenden Arten breiten sich stark aus und nehmen eine große Fläche ein, so daß wir sie in kleineren Steingärten öfter beschneiden müssen.

Schnittlinge werden im Juni oder Juli genommen, bei Anzucht aus Samen wird im Februar oder März gesät. Niederliegende Arten können durch Abschneiden der bewurzelten Triebe vermehrt werden.

2

P. pinifolius (1) ist ein 20—30 cm hoch werdender Halbstrauch mit feinen immergrünen Nadelblättern, dessen schmale leuchtendrote Blüten sich im Juli und August öffnen. Seine Heimat ist Mexiko und das westliche Nordamerika.

Sehr hübsch ist auch der kriechende Bartfaden (*P. menziesii* Hook. var. *cardwellii* WHN) (2). Seine niederliegenden Zweige treiben bei Bodenberührung rasch Wurzeln. Die feuchtere Plätze liebende Art trägt im Juni/Juli reiche Blüte und wiederholt diese im Herbst häufig noch einmal.

Etwa 30—40 cm hohe Büsche bildet *P. hirsutus* (L.) Willd. (3), der oft unter dem Namen *P. pubescens* Sol. angeführt wird. Im Juni und Juli, manchmal auch noch im August erfreut er uns mit weißen bis bläulichvioletten Blüten. Noch williger blüht die kaum 15 cm hohe Sorte 'Pygmaeus'.

Polsterphlox, Moosphlox Himmelsleitergewächse
Phlox subulata L. *Polemoniaceae*

Wir kennen rund 60 Arten der in Nordamerika verbreiteten Phloxe, auch Flammenblumen genannt. Unter ihnen sind hohe, halbhohe und kriechende, zwergige Arten. Durch häufiges Kreuzen entstanden zahlreiche Sorten mit einem großen Farbenreichtum.

Im Steingarten verwenden wir die Polster- und Teppichphloxe sowie ihre Kultursorten. Es sind besonders *P. subulata, P. douglasii* Hook. und *P. amoena* Sims zu erwähnen. Für den größeren Steingarten sollte man auf den Kanada-Phlox (*P. divaricata* L.) zurückgreifen, der mit der Zeit bis 40 cm hohe Büschel bildet und große, angenehm duftende, hellviolette Blüten hervorbringt.

Die dankbaren und blühwilligen Phloxe können wir zwischen Nadelgehölzen oder als Rasenersatz verwenden. Auch an Rabattenrändern geben sie ein gutes Bild ab. Wir pflanzen sie in feuchten Humusboden an vollsonnige oder leicht halbschattige Standorte. Allzusehr wuchernde Polster schneiden wir alle zwei Jahre um rund ein Drittel zurück.

Die Vermehrung erfolgt durch Teilung nach dem Flor (4) oder durch Stecklinge gegen Sommerende. Samen können zu Beginn des Winters ausgesät werden.

1

Überall verbreitet ist der dankbare Polster- oder auch Moosphlox *(P. subulata).* Er wächst rasch in die Breite und bildet oft umfangreiche, von April bis Juni in reicher Blüte stehende, rasenartige Teppiche. Von den vielen großblumigen, farbenfrohen Sorten sei nur die rosapurpurfarbene 'Atropurpureum' genannt (1).

Von niedrigerem, kompakterem Wuchs ist der Phlox *P. douglasii.* Seine Polster oder kleinen Teppiche werden nur 5 – 10 cm hoch. Juni und Mai ist die Zeit der scharlachroten, leicht ins Lila spielenden Blüten mit dunkleren Augen. Leichter in der Kultur und auch blühwilliger sind verschiedene Hybriden, wie etwa der auch für kleinere Steingärten zu empfehlende 'Rosa Cuschon' (2).

4

In Nordamerika ist die etwa 15 cm hohe *P. amoena* heimisch. Dieser feinbehaarte, niederliegende bis aufrecht wachsende Phlox bildet lockere Polster und belebt den Garten von April bis zum Herbst mit seinen rosaroten Blüten. In Dunkelrosa erstrahlt die Gartenform 'Rosea', während 'Variegata' (3) sich mit weißgelb und rosa panaschiertem Blattwerk schmückt. *P. amoena* liebt Halbschatten.

3

2

Hirschzunge, Hirschzungenfarn Tüpfelfarngewächse

Phyllitis scolopendrium (L.) Newn.
syn. *Scolopendrium vulgare* Sm. *Aspleniaceae*

Die reizvolle Hirschzunge paßt so gar nicht zu unseren Vorstellungen über die Farne. Aus einem kriechenden Wurzelstock streben an kurzen schuppigen Stielen ledrige, lanzettliche, an der Basis mit Öhrchen versehene Blätter hervor, die einer Zunge ähneln. Stiel und Blattunterseite sind im Jugendstadium dicht mit rostroten Spreuschuppen besetzt. Die in zierlichen Büscheln stehenden Blätter sind 4—5 cm breit und werden 20—40 cm lang, unter günstigen Umständen auch 50 cm, in Ausnahmefällen noch länger. Obwohl sie immergrün sind, trocknen sie im Winter meist ein oder frieren teilweise zurück. Winterschutz ist daher angeraten. Ende des Frühlings beginnen dann neue Blätter zu wachsen.

Der Hirschzungenfarn ist in den humosen Wäldern Europas, Asiens, Nordamerikas und Japans heimisch. Er gedeiht dort auf schattigfeuchten Felsen oder Kalkschutt. Im Steingarten geben wir ihm daher einen schattigen oder halbschattigen Platz mit humoser, kalkhaltiger Erde, am besten in einer Steinspalte. Anzucht aus Samen ist möglich, jedoch bilden die Kulturformen meist keine Sporen und wir müssen sie vegetativ vermehren. Man kann die Büschel teilen oder auch im Frühjahr Blattstecklinge abnehmen. Wir trennen die Blätter mitsamt einem Wurzelstück ab, legen sie auf feuchte, sandige Lauberde oder Torf und lassen sie einige Monate im Vermehrungshaus. Sobald sich kleine Knospen zeigen, bringen wir die Stecklinge zur Abhärtung an einen kühleren Platz. Nach frühestens einem Jahr wachsen schon kräftigere Setzlinge heran.

Von den 2 Arten der Gattung *Phyllitis,* wird im Steingarten nur der Hirschzungenfarn *(P. scolopendrium)* (1) gezogen. An der Unterseite der zungenartigen sattgrünen Blätter stehen die streifenartig angeordneten Sporangien. Es wurden mehrere sehr schöne Kultursorten mit verschieden geformten Blättern gezüchtet. So hat z. B. 'Marginatum' (2) schmalspreitige, am Rande deutlich gewellte bis gelappte Blätter. Bei der Sorte 'Cristatum' (3) ist die Blattspreite zu zwei Dritteln glatt und ungeteilt, während das letzte Drittel verzweigt hahnenkammähnlich geteilt ist. Des weiteren seien nur erwähnt: 'Capitatum', 'Conglomeratum', 'Crispum', 'Laceratum' und 'Undulatum'.

3
1
2

Teufelskralle Glockenblumengewächse
Physoplexis comosa (L.) Schur
syn. *Phyteuma comosum* L. *Campanulaceae*

Die rund 30 Arten zählende Gattung Teufelskralle zeichnet sich durch auffällige, dichtgedrängte Köpfchen oder Ähren blauer, blauvioletter oder weißlicher Blüten aus, die am Ende belaubter Stengel stehen. Die niedrigen bis halbhohen Pflanzen tragen gestielte Blätter in bodenständigen Rosetten.

Einige Arten sind recht anspruchslos, andere, besonders *P. comosa,* bringen gewisse Pflegeprobleme mit sich. Die Teufelskralle ist dennoch eine der beliebtesten Steingartenpflanzen. Ihre Heimat sind die südlichen Kalkalpen, wo sie in sonnenabgewandten Spalten steiler Felswände gedeiht. Auch im Steingarten müssen wir sie in engen Ritzen zwischen kalkhaltigen Steinen, am besten Travertin, unterbringen, möglichst in Ostlage. Wir bereiten ihr eine gute Dränage vor und pflanzen sie in humusreichen, sandigen bis steinigen Kalkboden. Weiterhin müssen wir die Teufelskralle nicht nur vor praller Sonne und Staunässe, sondern auch vor Schneckenfraß schützen.

Vermehrt wird aus Samen, die man nach der Ernte im August oder im September aussäen kann. Sie keimen gut und nach zwei Jahren können wir die Sämlinge an Ort und Stelle einpflanzen.

Mit einer Höhe von 5—10 cm zählt *P. comosa,* die Teufelskralle (1), zu den niedrigsten Arten ihrer Gattung. Die am Grunde kugelig aufgeblasenen, bläulichen bis violett angehauchten weißen Blüten verjüngen sich zum Ende hin und gehen in eine dunkelviolette Röhre über, aus der der auffällige Griffel hervorragt und der das Gewächs seinen Namen verdankt. Blütezeit ist Juni und Juli.

Auf feuchten Wiesen und Felsen kommt in Europa die 10—40 cm hohe Kugelige Teufelskralle (*Phyteuma orbiculare* L.) (2) vor. Ihre dunkellila Blütenköpfe zeigt sie von Mai bis August. Sie braucht humosen und feuchten Boden.

Oft anzutreffen ist die Halbkugelige Teufelskralle (*Phyteuma hemisphaericum* L.) (3). Im Juli und August bringt diese 5—10 cm hochwerdende, aus Spanien und den Alpen stammende Art ihren Flor dem Betrachter dar. Da sie kalkfeindlich ist, bringen wir sie in sauren Humusboden.

1

2
3

Schimmelfichte — Kieferngewächse
Picea glauca (Moench.) Voss — *Pinaceae*

Auch unter den Fichten gibt es schöne, für den Steingarten geeignete Kultursorten. Aus Nordamerika stammt die Schimmelfichte *P. glauca*, die in Feuchtklimagebieten verbreitet ist. Die bekannteste Steingarten-Zwergform des ansonsten bis zu 25 m hohen Baumes ist *Picea glauca* 'Conica'. In trockenen Gebieten gedeiht sie allerdings nicht gut. Oft wird sie von der Roten Spinne befallen, einem Schädling, der auch hochgewachsene Fichten gänzlich vernichten kann.

Ebenfalls in den nordamerikanischen Bergen ist die Stechfichte, (*P. pungens* Engelm.) heimisch. Von der bis 30 m hochwerdenden Fichte gibt es mehrere schöne und für den Steingarten geeignete Übergangsformen, deren gärtnerische Bezeichnung *P. pungens* 'Glauca' lautet.

Auch unsere heimische Gemeine oder Rotfichte (*P. abies* [L.] Karst.) wurde zu einer Reihe von Gartensorten veredelt, anspruchslose und harte Gehölze verschiedener Wuchsformen. Sehr schön ist zum Beispiel die langsamwachsende kugelige 'Maxwellii' oder die leicht in die Breite strebende, schon früh fruchtbare 'Acrocona'. 'Tabulaeformis' und 'Nidiformis' sind zwar kaum einen Meter hoch, wachsen aber um so kräftiger in die Breite. Kurze knospenreiche Verjüngungstriebe verleihen der Sorte 'Pygmaea' einen kugeligen Wuchs.

Die Vermehrung der Kultursorten geschieht durch Schnittlinge im Juli oder August. Im zeitigen Frühjahr oder im Herbst können wir sie auch aufpfropfen.

2

Meistverwendete Zwergfichte ist *P. glauca* 'Conica' (1), eine Kulturform der Schimmelfichte mit hellgrünen, kurzen, rings um die Zweige herumwachsenden Nadeln. Wegen ihres dichten und gleichmäßig kegelförmigen Wuchses wird sie auch „Zuckerhutfichte" genannt. Nur sehr langsam erreicht sie eine Endhöhe von 3 m.

Die Nestfichte (*P. abies* 'Nidiformis') (3) wächst breitflächig, in der Mitte nestartig. Ihre kurzen, dichtstehenden

1

3

Nadeln sind dunkelgrün. Da sie bis zu 4 m breit werden kann, setzen wir sie nur in großflächige Steingartenanlagen ein. Ähnlich ist die Tafel-Zwergfichte 'Tabulaeformis', nur mit platter Spitze.

Die Stechfichte (*P. pungens* 'Glauca Globosa') (2) wächst mit mehreren Wipfeln zu einer Kugelform. Ihre Maitriebe fallen durch die silberfarbenen Nadeln auf. Mit einem Durchmesser von 2 m ist sie nur für große Steingartenanlagen geeignet.

Bergkiefer, Krummholzkiefer, Latschenkiefer, Legföhre

Pinus mugo Turra

Kieferngewächse

Pinaceae

Die bezauberndste Steingarten-Zwergkiefer ist *Pinus leucodermis* 'Smithii', eine Sorte der Schlangenhautkiefer, die selbst nach vielen Jahren kaum einen halben Meter hoch und breit wird. Ebenso zwergig sind die Gartenformen der Gemeinen Kiefer *P. sylvestris* 'Nana' und 'Pygmaea'. Eine feine, luftige Textur weist die nur wenig höhere Weymouthskiefer *P. strobus* 'Minima' auf. Zu den schönsten Zwergsorten gehört die allerdings bis 3 m hochwerdende *P. sylvestris* 'Watereri' mit dichtem blaugrünem Nadelkleid. Meist gepflanzte Steingartenkiefer ist jedoch *P. mugo,* die Berg- oder Latschenkiefer.

Alle Kiefern drängen zum Licht und entfalten daher den vollkommensten Habitus im freien, sonnenüberstrahlten Gelände. Sie sind bescheiden und absolut winterfest. Selbst in magerer, steinreicher Erde gedeihen sie gut. Die Stammarten vermehren wir in den ersten Frühjahrsmonaten aus Samen, die Kultursorten werden vegetativ vermehrt. Da Schnittlinge nur schwer Wurzeln machen, bleibt uns nur das Veredeln. Fünfnadlige Kiefern wie *P. cembra, P. strobus, P. aristata* oder *P. peuce,* pfropfen wir auf *P. strobus,* zweinadlige Arten wie *P. sylvestris, P. mugo, P. nigra, P. leucodermis* auf *P. sylvestris.*

1

Die Krummholzkiefer *(P. mugo)* (2, 4), auch als Bergkiefer (*P. montana* Mill.) bezeichnet, gehört nur in große Steingärten oder natürliche Gartenpartien, da sie 3—4 m hoch wird. Die aus Samen gezogenen Exemplare zeigen verschiedenste Wuchsformen. Bei einigen sind die unteren Äste niederliegend, bei anderen aufsteigend bis aufrecht, auch die Nadellänge ist unterschiedlich.

Kaum einen Meter hoch wird die Zwergkiefer (*P. mugo* ssp. *pumilio* [Haenke] Franco) (3). Durch zeitiges Kürzen der Frühjahrstriebe können wir ihren Wuchs einschränken. Werden wirklich alle Triebe beschnitten, erreichen wir einen herrlichen, dichten Wuchs.

Das älteste Holzgewächs unserer Erde ist die aus Nordamerika kommende Grannenkiefer (*P. aristata* Engelm.) (1). Erst in letzter Zeit fand sie in die größeren Steingärten Europas Eingang. Wegen ihrer pinselartig am Ende der Triebe stehenden Nadeln wird sie auch Fuchsschwanzkiefer genannt. Die Schüppchen der bis 12 cm langen, an den Zweigen bleibenden Nadeln, scheiden duftendes Harz aus.

4

2

3

Tibetorchidee Orchideengewächse
Pleione bulbocodioides (Franch) Rolfe
syn. *P. pogonioides* (Rolfe) Rolfe
P. limprichtii Schlechter *Orchidaceae*

Stolz unseres Steingartens sind die großblumigen Tibetorchideen, die im Himalaja in Höhen von 1800—3200 m ü. d. M. vorkommen. Entscheidend für den Erfolg ist also der richtige Standort. Wir wählen einen Ost- oder Nordoststandort, der nur von der Morgensonne bestrichen wird. Weiterhin verlangen diese Zwergorchideen saures und lockeres Substrat. Wir pflanzen sie daher in kalklose Lauberde, der wir Sand, zerkleinerte Ziegel sowie zerhacktes Torfmoos oder grobe Kiefernnadelerde beigeben. Wichtig ist auch eine wirksame Dränage. Es empfiehlt sich, die Pflanzen mit aufgelöstem Kuhdung zu gießen oder zerkleinerten Trockendung zu streuen. Sie gedeihen dann besser und sind blühwilliger. Wir verwenden nur weiches Gießwasser, bei großer Hitze müssen wir sprühen.

Manche Züchter empfehlen, die Tibetorchideen auch den Sommer über in Behältern zu halten. Wir stellen dazu die Orchideentöpfe in große flache Gefäße, in denen ständig 2 cm Wasser sein sollen.

Zeitig im Frühjahr pflanzen wir die Pseudobulben, und zwar so, daß sie teilweise aus dem Boden hervorragen. Im Winter schützen wir die Zwergorchideen vor Nässe, indem wir sie mit trockenem Buchenlaub oder Reisig bestreuen und sie anschließend noch mit Glas oder Folie abdecken. Es muß dies bereits um den 1. Oktober geschehen, wenn die Blätter einziehen.

Von allen Zwergorchideen bereitet die frostbeständige Tibetorchidee *(P. bulbocodioides)* (1) die wenigsten Schwierigkeiten. Aus kleinen dunkelgrünen Knollen schießen zeitig im Frühjahr hohe Stengel hervor, die im April große karminrot-rosa Einzelblüten tragen. Die Blätter erscheinen erst nach dem Flor, sind etwa 15 cm lang und 3—4 cm breit und trocknen im Oktober ein.

P. formosana Hayata (2) ist zwar vitaler, aber leider nicht frostsicher. Sie besitzt größere Knollen und Blüten von ansehnlicher Größe (3). Ihre Gesamthöhe beträgt rund 15 cm. Aus der blaßblühenden Stammart wurden Sorten in allen Tönen von Weiß bis Dunkelrosa gezüchtet. Falls wir diese Zwergorchidee nicht lieber im Gewächshaus halten, müssen wir die Knollen den Winter über ins Haus nehmen und ab und zu benetzen, um sie vor dem Eintrocknen zu bewahren.

1
2
3

Schneckenknöterich
Polygonum affine D. Don.

Der Knöterich ist mit seinen etwa 150 Arten auf der ganzen Welt, hauptsächlich in den gemäßigten Zonen, verbreitet. Seine Vertreter sind aufrechtwachsend oder schlingend, einjährige wie auch ausdauernde Kräuter oder Halbsträucher. Einige schwachwüchsige Arten finden in größeren Steingärten durchaus Verwendung. Ihre schmalblättrigen, aufrechten bis niederliegenden Triebe enden in kleinblütigen Scheinähren.

Am beliebtesten ist der schmückende Schneckenknöterich (*P. affine*) gefolgt von *P. vacciniifolium* und dem interessanten, niedrigen, Blütenköpfchen tragenden *P. capitatum.* Neben diesen aus dem Himalaja stammenden Arten sieht man im Steingarten auch häufig den unauffälligen, in Europas Gebirgen heimischen *P. viviparum*

Auf Feuchtwiesen von Zentraleuropa bis nach Sibirien und Nordamerika gedeiht der halbhohe Wiesenknöterich (*P. bistorta* L.) Von Mai bis Juli zeigt er seine in größeren Ähren stehenden sattrosaroten Blüten und oft remontiert er von August bis September.

Die Knöteriche werden in normaler, humushaltiger und feuchter Gartenerde an sonnigen oder halbschattigen Plätzen gezogen. Bei viel Sonne und magerem Boden bleiben sie niedrig und breiten sich weniger aus. Die Vermehrung erfolgt leicht durch Teilung im Frühjahr. Es genügt, die wurzeltreibenden niederliegenden Triebe abzutrennen und einzupflanzen.

Der reizvolle und anspruchslose Schneckenknöterich (*P. affine*) (1) hat hübsche wintergrüne, ganzrandige Blätter. Am Ende des 15—25 cm hohen Stengels bilden winzige rosa Blüten einen dichten Blütenstand. Auch nach dem von August bis Oktober währenden Flor erfreut uns der Schneckenknöterich mit seinen sattrot gefärbten Früchten (2) und Blättern. Unter günstigen Umständen wächst er rasch zu breiten Teppichen.

Aus den höheren Lagen des Himalaja stammt der niedrig kriechende, stark verzweigte Heidelbeerknöterich (*P. vacciniifolium* Meissn.) (3). Im Sommer öffnen sich die kleinen hellrosa Blüten im rund 6 cm langen, dichten Blütenstand. Den Winter über sollte eine Schutzdecke ihn vor Nässe bewahren.

Lediglich 10—15 cm hoch wird der Knöllchenknöterich (*P. viviparum* L.) (4). Schmale, langgezogene Blätter an Stielen bilden eine bodenständige Rosette. Ihr entspringen büschelartig die aufrechten Stengel mit kleinen, enganliegenden, rosaroten Blüten. Anstatt dieser sich von Juni bis August öffnenden Blüten erscheinen dann und wenn auch kleine, der Vermehrung dienende Zwiebelchen.

3
1
2
4

Dolomiten-Fingerkraut, Polsterfingerkraut

Potentilla nitida L.

Rosengewächse

Rosaceae

Die stattliche Zahl von 300 Fingerkrautarten gedeiht meist in der gemäßigten Zone, aber auch in den Gebirgen der nördlichen Halbkugel. Eine Reihe krautiger und buschiger Zierarten verschiedener Höhe entstand in der Kultur. Ihre Blätter sind häufig zusammengesetzt, die aus 5 Kronblättern bestehenden Blüten zeigen weiße, gelbe oder rote Farben. Ein typischer Vertreter der holzigen Arten ist das Strauch-Fingerkraut (*P. fruticosa* L.). Gern verwendet werden seine reichblütigen Kultursorten. Die schwachwüchsigen, wie z. B. 'Pyrenaica' und 'Red Ace', eignen sich auch für kleinere Steingärten. In ihrer Mehrheit sind es genügsame Pflanzen, die sich mit humoser Gartenerde und einem sonnigen Standort zufrieden geben.

Die aus den Kalkstein- und Dolomitmassiven der südlichen Alpen und Apenninen stammende *P. nitida* ist wählerischer. Sie braucht einen gut dränierten, trockenen Standort in Südrichtung. Geeignet sind Felsspalten oder Kalkgeröllfelder. Blühen wird sie aber nur in sandiger Humuserde mit viel Kalkschotter.

Das Fingerkraut vermehrt man durch Teilung im September oder durch Aussaat im Februar oder März. Gehölzarten können zum Sommerbeginn aus Stecklingen gezogen werden.

2

Die sattrosaroten Kronblätter des Dolomiten-Fingerkrauts *(P. nitida)* (1) zaubern auf silbernem Blätterteppich herrliche Farbkompositionen hervor. Nur schade, daß es in Kultur weniger blühfreudig ist als in freier Natur.

Aus dem Himalaja kommt die nur 6–8 cm hochwerdende *P. ambigua* Camb. (2). Sie ist anspruchslos und blüht von Juni bis August gelb. In sandiger Gartenerde in Sonnenlage bilden ihre reichlich vorhandenen, unterhalb verholzten Triebe bald breite Teppiche. Dünne Erdsprosse bezwingen selbst Steine, so daß man plötzlich die Blätter dieses Fingerkrauts etwa im dichten Steinbrechpolster entdeckt. Es bleibt dann nichts anderes, als die Pflanze an einen passenderen Platz zu versetzen.

Halbhoch wird das ebenfalls im Himalaja beheimatete Nepal-Fingerkraut (*P. nepalensis* Hook.). Seine Blütenpracht erfreut uns von Juni bis August. Die mit 40—60 cm Höhe kaum für kleinere Anlagen geeignete Art gedeiht in jeder Gartenerde und sät sich gern selbst aus. Noch beliebter als die Stammart ist die wunderschöne Züchtung 'Miss Willmott' (3).

3

1

Speik, Habmichlieb Primelgewächse
Primula minima L. *Primulaceae*

Es ist nicht leicht, sich unter den fast 600 Primelarten das Richtige auszuwählen. Überwiegend sind sie ausdauernde Frühblüher, die hauptsächlich in Europa und Asien verbreitet sind, zum Teil aber auch aus Amerika stammen. Die Kapselfrüchte tragenden Primeln besitzen rosettig angeordnete ungeteilte Blätter sowie verhältnismäßig große Blüten, die einzeln oder in verschiedenartigen Blütenständen stehen. Wir finden unter ihnen für Miniatursteingärten verwendbare Hochgebirgszwerge *(P. minima),* aber auch über 1 m hochwerdende Arten wie die Tibet-Sommerprimel (*P. florindae* Ward).

Die reizenden Primeln fanden nicht nur bei den Gartenfreunden Anklang, sondern auch bei den Züchtern, so daß unzählige Sorten entstanden sind.

Die Wildarten können wir problemlos aus Samen ziehen, die Gartensorten müssen geteilt werden. Sie gedeihen ausgezeichnet in humushaltiger, in der Regel saurer Erde an sonnigem bis halbschattigem Standort. Die Primeln sind wahre Dauerblüher.

4

Die Zwergprimel *(P. minima)* (1) ist in den Bergen Mittel- und Südeuropas beheimatet, wo sie auf steinigen Plätzen und in Fugen sauren Gesteins vorkommt. Ihre im Mai aufbrechenden Blüten halten sich nicht selten bis in den Juli hinein. Im Tiefland erreicht sie leider oft nicht den üppigen Wuchs und die Blütenpracht, die sie am natürlichen Standort entfaltet. Wir bereiten ihr daher im Steingarten möglichst saure Humuserde vor, der wir zerkleinertes Torfmoos und kleine Steinchen beigeben. Auch liebt diese Zwergprimel feuchten Boden, wir pflanzen sie also nie an einen Südhang.

Eine weitere Hochgebirgsprimel ist die Alpenaurikel (*P. auricula* L.) (2). Sie gedeiht in der Gebirgs- bis alpinen Stufe auf Kalkuntergrund und blüht von März bis Juni. Im Steingarten dankt sie uns einen der Sonne abgewandten Platz in einer Kalksteinnische.

Zeitig im Frühjahr öffnen sich die leuchtend rosaroten Blüten von *P. rosea* Royle, der Rosenprimel. Erst mit verblühendem Flor beginnen die Grundrosetten aus hellgrünen, gezähnten Blättern zu wachsen. Am häufigsten wird die großblumige Sorte 'Grandiflora' (3) gezogen. Sie paßt am besten in eine Moorpartie oder ans Teichufer.

Die Weißrandige Primel (*P. marginata* Curt.) (4) besitzt nicht nur herrliche lila Blüten, sondern auch bezaubernde Blattrosetten. Sie wünscht hellen, aber auch nicht prallsonnigen Standort.

1

2

3

Küchenschelle, Gewöhnliche Kuhschelle

Hahnenfußgewächse

Pulsatilla vulgaris Mill.
syn. *Anemone pulsatilla* L.

Ranunculaceae

Wohl jeder Steingartenfreund besitzt eine der zahlreichen Arten und Sorten der Küchenschelle. Diese auffallenden Gewächse eignen sich eher für größere Steingärten, da sie nach einigen Jahren zu mächtigen Horsten heranwachsen. Ihre sich erst nach dem Abblühen voll entfaltenden Blätter sind langgestielt und meist fein gefiedert, die Sproßblätter sind gefranst, die linearen Franseneinschnitte wiederum behaart. Auch die 6 Blütenblätter sind außen behaart. In der Reife verlängern sich die Sprosse auffällig und die mit langem Flaum bedeckten Früchte bilden an ihren Enden große Federkugeln (4).

Alle Küchenschellen lieben einen sonnigen Standort und durchlässigen, kalkhaltigen Boden. Sie gedeihen allerdings auch in saurem Substrat und stellen ansonsten keinerlei Pflegeansprüche. Die gut keimenden Samen müssen sofort nach der Reife in den Boden gebracht werden. Kultursorten sind jedoch nicht farbecht. Soll die Farbe erhalten bleiben, müssen wir es mit Wurzelstockteilung versuchen, was aber nicht immer erfolgreich verläuft.

Wegen ihrer auffallend großen Blüten, die bereits im März erscheinen, ist die Gewöhnliche Kuhschelle *(P. vulgaris)* (1) bei so vielen Gartenfreunden beliebt. Aus der hell- bis dunkellila blühenden Stammform wurde eine Reihe farbenfroher Sorten, von weißen bis sattroten und bordeauroten Formen gezüchtet.

Eine der schönsten Arten ist *P. vernalis* (L.) Mill., die Frühlings-Kuhschelle oder Frühlings-Anemone (2). Sie trägt kahle, einfach fiedergeteilte, gestielte, immergrüne Blätter, die Sproßblätter sind linear gefranst und rostrot behaart. Ihre von März bis Mai erstrahlenden, großen Blüten sind geöffnet innen schneeweiß, außen lila angehaucht, abstehend behaart. Wild wächst sie auf sonnigen, rasenbedeckten Hügeln und in lichten Kiefernwäldern. In Kultur sind sie sehr problematisch. Sie verlangen eine Mischung aus saurer Lauberde, Sand und Kiefernnadelerde. Ein erfolgversprechender Platz wäre unter lichten Kiefern. *P. vernalis* wird ohne Schwierigkeiten aus Samen gezogen.

An trockenen, sonnenbestrahlten Böschungen und steinigen Hängen gedeiht eine Unterart der Wiesenkuhschelle (*P. pratensis* [L.] Mill. ssp. *nigricans* [Stoerck] Zam.) (3). Gegenüber der vorgenannten Art sind ihre Blüten wesentlich kleiner und bleiben fast geschlossen. Erst nach der Blüte entwickeln sich die in dünne Einschnitte geteilten Blätter.

2
4
3
1

Pyrenäen-Ramondie, Felsenteller Gesneriengewächse
Ramonda myconi (L.) Rchb.
syn. *R. pyrenaica* Pers. *Gesneriaceae*

Ein Relikt aus dem Tertiär ist die Gattung *Ramonda,* die sich bis heute in den Pyrenäen und auf der Balkanhalbinsel in drei Arten erhalten hat: *R. myconi, R. nathaliae* Panč. et Petr. mit vierzähligen dunkelblauen Blüten und gelben Staubbeuteln sowie *R. serbica* Panč. mit purpurroten Staubbeuteln. Alle drei Arten besitzen noch weißblütige Gartenformen. Gleiches Alter haben die engverwandten und ähnliche Ansprüche stellenden Gattungen *Haberlea* und *Jankea.*

In natürlicher Umgebung bevorzugen die Felsenteller feuchtschattige Steinritzen. Wir pflanzen sie deshalb in eine nördlich orientierte Steingartenpartie an steile Felswände, wo das Regenwasser sofort abfließt und sich nicht in den Rosetten halten kann. Für den Pflanzuntergrund mischen wir Rasenerde, Lauberde, Torf, Sand und Ziegelstückchen zu einer reichen Humuserde. Um den Wurzeln ständig das belebende Naß zu garantieren, geben wir der Mischung noch kleingehacktes Sphagnum zu.

Wir können die Felsenteller aus den gut keimenden Samen ziehen. Beim Gießen müssen wir äußerst vorsichtig vorgehen, denn die winzigen Samen sind schnell fortgespült. Einfacher ist es, mittels Blattstecklingen zu vermehren. Wir brechen dazu im Frühjahr ein Blatt direkt an der Wurzel ab und drücken es zu einem Drittel in Torf, den wir an schattigem Ort belassen. Das Blatt darf vor dem völligen Austrocknen nicht entfernt werden. Eine weitere Möglichkeit ist, im Frühjahr eine Tochterrosette abzutrennen.

2

Oft bis zu 20 cm große Rosetten aus dunkelgrünen, ausdauernden, runzligen Blättern besitzt die Pyrenäen-Ramondie *(R. myconi)* (1). Ihre im Juni und Juli erscheinenden, leicht nickenden blaulila Blüten zeigen vier- bis fünfzipflige Kronen und kräftiggelbe Staubbeutel.

Große Blattrosetten bildet auch die Gattung *Haberlea.* Ihre Rosetten schmiegen sich meist eng an den Felsuntergrund, so daß alles Wasser abfließen kann. An ihren rosagetönten oder blauvioletten Blüten mit radiären Kronen erfreuen wir uns im Mai und Juni. Im Steingarten trifft man auf zwei Haberleen-Arten, die beide aus Bulgarien stammen: *Haberlea rhodopensis* Friv. (2), der Rhodopenrächer, mit eiförmig-lanzettlichen, schwach behaarten, grobgezähnten Blättern und 1—5 Blüten tragendem Sproß sowie *H. ferdinandi-coburgi* Urum. mit glatten Blättern und kleineren, mehr ins Blaue spielenden Blüten. Standort- und Pflegeansprüche sowie Vermehrungsmethoden sind die gleichen wie bei der Pyrenäen-Ramondie.

1

Alpenhahnenfuß
Ranunculus alpestris L.

Hahnenfußgewächse
Ranunculaceae

Der Hahnenfuß mit seinen etwa 800 Arten ist über den ganzen Erdball verbreitet. Unter den meist ausdauernden Arten finden wir sehr schöne für unseren Steingarten. Ihre Blüten sind oft gelb oder weiß, mit 5 Kronblättern und zahlreichen Stäbchen und zu Schließfrüchten reifenden Staubbeuteln. Sie gedeihen im Tiefland in Steppen- und Sumpfgebieten, aber auch in der subalpinen bis alpinen Höhenstufe europäischer Gebirge. Die letztgenannten Hochgebirgsarten akklimatisieren sich jedoch nur schwer in unseren Flachlandgärten. Bedingt durch die verschiedenen Heimatgebiete stellen die einzelnen Hahnenfußarten ganz unterschiedliche Pflegeansprüche. Vermehrt wird durch von Februar bis April auszusäenden Samen oder Wurzelstücke im August oder September. Zu Büscheln herangewachsene Exemplare können wir auch — am besten im Frühling — teilen.

R. alpestris, der Alpenhahnenfuß (1), in den höheren europäischen Gebirgen Europas beheimatet, blüht von Juni bis Juli und remontiert nicht selten im September. Seine Früchte fallen durch einen langgestreckten Schnabel auf. Wild gedeiht der Alpenhahnenfuß auf saurem wie auf kalkhaltigem Gestein. Seine Kultur ist keine einfache Sache, neben sehr guter Dränage fordert er feuchten, sandigen bis steinigen Humusboden. Am wohlsten fühlt er sich in Nachbarschaft von schwachwüchsigen Hochgebirgsarten wie z. B. *Gentiana verna* oder *Cerastium alpinum.*

Ein weiterer Hochgebirgsvertreter ist der Gletscherhahnenfuß (*R. glacialis* L.) (2) mit gestielten, dunkelgrün glänzenden, kahlen, dreizähligen Blättern, die sich zu Bodenrosetten vereinigen. An den 7—12 cm hohen Stengeln zeigen sich 1—3 große Blüten über rostfarben behaarten Kelchen. Außen weiße und innen rosagefärbte Kronblätter umschließen eine Fülle von sattgelben Staubblättern. Die Schließfrüchte enden in einem langgebogenen Schnabel. Auch diese Art ist sehr schwierig in der Kultur. Sie verlangt saure Erde mit einer Beimengung an Torf und zerhacktem Sphagnum sowie viel Sonne. Auch den Sommer über müssen wir für feuchten Boden sorgen.

Durch seine herrlichen goldgelben Blüten bezaubert der europäische Berghahnenfuß (*R. montanus* Willd.) (3). Unter der von Juni bis in den September sich haltenden Blüte sitzt ein abstehend behaarter Kelch. Die bis 20 cm hohe Pflanze trägt in der Reife flachrunde Schließfrüchte mit kurzem Schnabel. Sie gedeiht in jeder Gartenerde und bevorzugt sonnige Standorte.

1
2
3

Silberkissen — Korbblütengewächse
Raoulia glabra Hook. f. — *Asteraceae*

Nur wenige der 25 *Raoulia*-Arten, einer in den Bergen Neuseelands, Australiens, Neuguineas und Tasmaniens heimischen Tropenpflanze, können in unseren Steingärten mit Erfolg gezogen werden. Die Büschel- und Polsterarten unter ihnen sind in unseren Breiten für Freilandkultur ungeeignet, während die Teppiche bildenden Vertreter sich den mitteleuropäischen Bedingungen schon besser anzupassen vermögen. Sie wachsen in ihrer Heimat an mageren, schottrigen Stellen, auf Geröllfeldern und Hochplateaus, überwiegend auf Granitgrund, doch immer in praller Sonne. Wir setzen sie daher an einen vollsonnigen Platz in gut durchlässige, aber feuchte, schotterhaltige Humuserde. Zusätzlich streuen wir um die Stengel noch feinen Schotter oder Kies als Nässeschutz. Weiterhin dürfen wir nicht außer acht lassen, daß wir es mit ausgesprochenen Kalkfeinden zu tun haben, die eine saure Erdmischung wünschen. Alle Arten außer *R. glabra* sind gegen Winternässe allergisch und verlangen eine gute Abdeckung.

Vermehrt werden kann leicht durch Teilung, Samen oder die gesamte Vegetationsperiode hindurch aus Stecklingen. Bei Berührung mit der Erde schlagen die Sprosse Wurzeln, so daß wir auch bewurzelte Zweigenden einsetzen können.

Widerstandsfähigste Steingartenart der Gattung *Raoulia* ist *R. glabra* (1), niedrige hellgrüne Teppiche bildend, die im Juli und August von winzigen Blütenkörbchen wie mit weißen Sternen übersät sind. Obwohl dies die härteste *Raoulia*-Art ist, braucht sie eine leichte Winterabdeckung.

R. subsericea Hook. f. (2) besitzt niederliegende Triebe mit länglichschmalen, in scharfen Spitzen endenden Blättern und kleine weiße Blütenkörbe. Die zu den widerstandsfähigeren Arten zählende Pflanze breitet sich zu größeren Teppichen aus.

Die zwergigste, ganze 3—4 mm hochwerdende Art ist *R. lutescens* Beauverd (3). Ihre wurzeltreibenden, nur langsam vorankriechenden Triebe enden in winzigen Korbständen hellgelber Blüten.

Mit schönem Silberteppich repräsentiert sich *R. hookeri* Allan (4). An kriechenden Sprossen wachsen silbrige, feinbehaarte breit-eiförmige Blätter, deren Spitzen eingerollt sind. Am Ende der aufsteigenden Stengel schmücken sie kleine Körbchen mit weißen Zungenblüten und reingelben Scheibenblüten. Ohne wirksame Schutzdecke würde sie den Winter nicht überstehen.

1

4

3

2

Purpurviolette Alpenrose — Heidekrautgewächse

Rhododendron impeditum
Balf. f. et W. W. Sm. — *Ericaceae*

Unter den Alpenrosen finden sich für jeden Steingarten geeignete Sorten. So paßt am besten in kleine Anlagen der niedrige *R. impeditum.* Die Alpenrosen verlangen vor allem sauren Boden, nur wenige, wie z. B. der Almenrausch (*R. hirsutum* L.) und *R.* × *praecox* Carr., können Kalk vertragen. Die Alpenrosen vertragen keine schwere Lehmerde oder stagnierende Nässe und sind daher auf gute Dränage angewiesen. Ein lockeres und humusreiches Pflanzsubstrat erreichen wir, indem wir der Erde grobe, unverrottete Kiefernnadelerde mit zerkleinerter Kiefernborke, eventuell auch langfasrigen Torf beigeben. Den als Gebirgsbewohnern feuchtes Klima und feuchten Boden liebenden Pflanzen ersetzen wir diese Bedingungen durch hohen Schatten und häufiges Wässern. Besonders im Herbst begießen wir die immergrünen Arten ausgiebig oder bedecken ihre Wurzeln, um sie vor dem Austrocknen im Winter zu bewahren. Wegen ihrer flachen Wurzeln dürfen wir die Alpenrosen nicht hacken, sondern nur jäten.

Wildalpenrosen können aus sofort nach der Reife ausgesäten Samen gezogen werden. Bei den niedrigen Arten können wir die unteren Zweige mit Erde anhäufeln, beschweren und, wenn sie nach zwei Jahren Wurzeln gebildet haben, abtrennen. Einige Arten lassen sich auch durch Stecklinge vermehren, die wir Ende Juni/Anfang Juli schneiden und unter Glas pikieren.

1

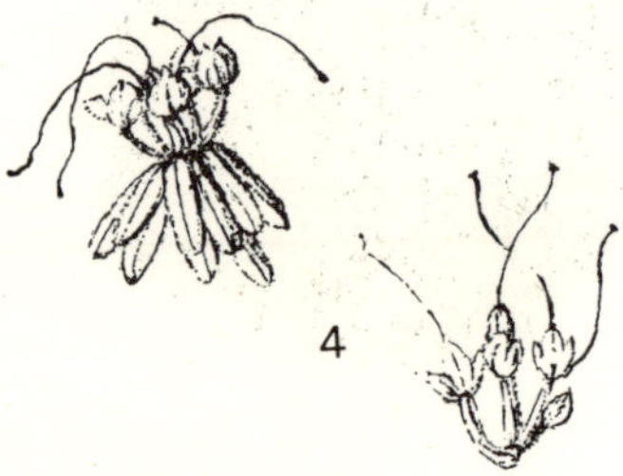

4

Kaum 30 cm hoch wird die harte, immergrüne Purpurviolette Alpenrose *(R. impeditum)* (1). Im Mai ist der gesamte Zwergstrauch von blauvioletten Blüten umhüllt, die zu kleinen Fruchtkapseln reifen (4). Seine Heimat sind die chinesischen Hochgebirge.

Zu den höheren Arten zählen die Rostblättrige Alpenrose (*R. ferrugineum* L.) (2) und *R. hirsutum*, der Almenrausch (3). Meist erreichen die immergrünen Sträucher jedoch nicht ihre mit 1 m angegebene Gesamthöhe. Der im Juni und Juli blühende *R. ferrugineum* trägt dunkelgrüne Lederblätter mit eingerolltem Rand, die oberseits glänzen und unten rostfarben sind. Er stammt aus den Alpen, Apenninen und Pyrenäen, wo er auf sauren Humusböden oder in Torfmooren vorkommt. Im Steingarten pflanzen wir ihn daher in mit Torf angereicherte Erde. *R. hirsutum* hat sattgrüne, am Rande bewimperte Blätter und sich etwas später öffnende rote Blüten. Er wächst in den Alpen auf sonnigen Hängen, und zwar, was eine Ausnahme bei den Alpenrosen darstellt, vorwiegend auf Kalkuntergrund. Beide Arten ziehen wir aus Samen, Stecklinge würden schlecht anwachsen. Alle wildwachsenden Arten stehen unter Naturschutz.

2

3

Die Weiden sind Laubgehölze, zu denen nicht nur hohe Bäume, sondern auch Sträucher verschiedener Größe und kriechende Zwerghölzer zählen. Letztere passen natürlich am besten in den Steingarten. Mit etwa 350 Arten ist die Gattung hauptsächlich in der gemäßigten und kühlen Zone der nördlichen Halbkugel verbreitet. Weiden sind typische zweihäusige Pflanzen, jedes Exemplar trägt entweder nur weibliche (2) oder nur männliche Blüten (3). Aus den bekannten Blütenkätzchen entstehen zweiklappig aufspringende Fruchtkapseln mit winzigen, weißbeflaumten Samen in ihrem Innern.

Zwar sind die Weidensamen nur kurzzeitig keimfähig, doch kann man leicht durch gut wurzelnde Stecklinge vermehren. Bei den kriechenden Arten schlagen die niederliegenden Zweiglein Wurzeln und brauchen dann nur noch abgetrennt und eingepflanzt zu werden.

Eine der schönsten kriechenden Zwergweiden ist *S. reticulata,* die nur 5—10 cm hochwerdende Netzweide (1). Ihre runden Blätter sind auf der Oberseite dunkelgrün, unten aber graugrün bis weißfilzig mit stark hervortretender netzartiger Nervatur. Die von Juni bis August blühenden weiblichen Kätzchen sind um vieles stärker als die männlichen. Außer in den Bergen Mitteleuropas wächst die Netzweide in Nordeuropa bis nach Spitzbergen hinauf und in Nordamerika bis nach Labrador. Ihre beliebtesten Standorte sind Rasen- und Steinflächen, überwachsene Geröllfelder und Felsnischen oberhalb der Baumgrenze, meist auf kalkhaltigem Untergrund. Im Steingarten gedeiht sie daher an feuchten, schattigen Stellen auch auf saurem Gestein.

Die kriechende Quendelblättrige Zwergweide (*S. serpyllifolia* Scop.) (4), paßt auch in kleine Steingärten. In den Alpen wächst sie auf saurem wie basischem Gestein, meist in der Sonne, auf Felsen, Schuttfeldern und in Steinritzen über die Baumgrenze hinaus. Ihr Flor dauert von März bis Juni.

4

Von kräftigerem Wuchs, aber ohne Ansprüche ist *S. myrsinites* L. (5). Ihre aufsteigenden Zweige tragen hellgrüne, ganzrandige, am Rande angedrückt behaarte Blätter. Sie ist in den Hochgebirgen Mittel- und Südeuropas heimisch. Obwohl sie sich im Gebirge eher Kalkuntergrund auswählt, gedeiht sie in Kultur in jeder Gartenerde. Allzu üppiger Wuchs läßt sich durch Zurückschneiden eindämmen.

5

1

3 ♂

2 ♀

Oliva-Seifenkraut, Oliva-Saponarie Nelkengewächse
Saponaria × olivana Wocke *Caryophyllaceae*

Das Seifenkraut ist eine einjährige oder ausdauernde Pflanze, deren 30 bekannte Arten vor allem in Mitteleuropa und um das Mittelmeer herum verbreitet sind. Es sind anspruchslose, keinerlei Pflege benötigende Kräuter, die jahrelang am selben Ort bleiben können und in normaler Gartenerde bei viel Sonne ausgezeichnet gedeihen.

Im Steingarten werden nur einige wenige Arten genommen, am häufigsten das Oliva-Seifenkraut *(S. × olivana),* eine Kreuzung von *S. caespitosa* DC. und *S. pumila* (St. Lag.) Janch. Ein Elter, das Spanische Seifenkraut *(S. caespitosa),* stammt aus den Pyrenäen. Es besitzt schmale Blätter, sattrosa Blüten und kommt in dichten, 6—8 cm hohen Polstern vor. Der zweite Elter *S. pumila* ist in den Ostalpen und südöstlichen Karpaten heimisch. Die nur 3—5 cm hohe Art trägt lineare Blätter und große leuchtend rosarote Blüten mit rötlichem Kelch.

Das Seifenkraut kann man ohne Probleme aus Samen ziehen, die wir im März oder April aussäen. Man kann auch durch Teilung im Juli vermehren. Beim Oliva-Seifenkraut teilen wir am besten das ganze Büschel auf, da es sonst seine schöne gleichmäßige Form verlieren würde.

1

Von eindrucksvoller Schönheit ist *S. × olivana,* das im Steingarten oft gepflanzte Oliva-Seifenkraut, auch als Oliva-Saponarie bekannt (1). Sein reichblühender, niedriger Wuchs ist kaum 5 cm hoch, aber manchmal bis zu 30 cm breit und im Juni/Juli in Blüten förmlich eingehüllt. Die bescheidene, lediglich gut durchlässigen Boden verlangende Kreuzung wächst und blüht ausgezeichnet in gewöhnlicher Gartenerde, und zwar an der Sonne ebenso wie im mäßigen Halbschatten.

Auf steinigen Plätzen in Südwesteuropa gedeiht das Rosa

2

Seifenkraut *(S. ocymoides* L.) (2). Mit seinen niederliegenden Sprossen bildet es lockere, etwas formlose und ziemlich breite Polster bis Teppiche, die eine Höhe von 10—15 cm erreichen. Seinen reichen, kleinblütigen rosaroten Flor entfaltet es im Juni und Juli, oft auch noch im August und September. Es verlangt trockenen und sonnigen Standort. Hervorragend ist es für Trockenmauern oder zum Bedecken größeren Flächen geeignet. Hier einige wunderschöne Kulturformen: 'Splendens', große rosarote Blüten, 'Karminkönigin' mit karminroten Blüten und die weißblühende 'Albiflora'.

Silberrosettensteinbrech Steinbrechgewächse
Saxifraga cochlearis Rchb. *Saxifragaceae*

Die an Arten so reiche Gattung der Steinbreche unterteilt sich in mehrere Gruppen, auch Sektionen genannt. *S. cochlearis* gehört der Sektion *Euaizonia* an, die zum größten Teil in den Pyrenäen, Alpen, im Apennin und den Karpaten heimisch ist. Typisch für sie sind graugrüne, bodenständige Zierrosetten, deren Blätter am Rand Kalkstein in Form von weißen Schuppen absondern und nach der Blüte dann absterben. Dieser Gruppe gehören weiterhin *S. longifolia* Lap., der Langblättrige Steinbrech, mit herrlichen, bis 20 cm im Durchmesser erreichenden Blattrosetten und vollen Blütenständen oder der wunderschöne Silberfahnen-Steinbrech (*S. cotyledon* L.), mit seinen lanzettlichen Blättern und den 80 cm hochwerdenden Blütenständen an, der übrigens als einziger seiner Gruppe sauren Boden liebt. Oft findet man in den Gärten auch *S. callosa* Sm. *S. hostii* Tausch, *S. paniculata* Mill. und viele weitere Arten und Kreuzungen. Im Steingarten gedeihen diese Steinbreche am besten in Steinritzen und Felsspalten. Die meisten Arten vermehren wir durch Abtrennen der Tochterrosetten. Steinbreche, die solche nicht bilden, ziehen wir aus Samen.

1

Der Silberrosettensteinbrech *(S. cochlearis)* (1) trägt kleine graugrüne Blätter in hübschen Rosetten, die im Juni und Juli blühen und sich zu festen silbrigen Polstern ausbreiten.

Aus Westeuropa, den Vogesen, Spanien und den nördlichen Alpen kommt das Porzellanblümchen, *(S. umbrosa)* L. (2), aus der Sektion *Robertsoniana.* Sehr beliebt bei den Alpenpflanzenfreunden ist die Sorte 'Aureopunctata' mit gelbbunt gefärbtem Laub. Um vieles kleinere, kompakte Teppiche bildet die Kulturform 'Elliotts Variety'. Beide brauchen saure Humuserde, Feuchtigkeit und Halbschatten.

Zur Gruppe *Cymbalaria* gehört der 4 – 10 cm hohe, zwei-, seltener einjährige *S. cymbalaria* L. (3). Sein reicher Flor währt vom Frühling bis in den Herbst.

3

4

2

Er sät sich selbst aus und kann auf feuchterem, humusreichen Boden auch verwildern, läßt sich jedoch ohne Schwierigkeiten in den gewünschten Grenzen halten.

Eine oft gepflanzte, sich stark ausbreitende neuere Sorte aus der Sektion *Dactyloides* ist *S.* × *arendsii* 'Rosen Zwerg' (4). Sie wird lediglich 6–7 cm hoch und schmückt sich mit an den Sproßenden sich gruppierenden großen karminroten Blüten.

Hängetrauben-Steinbrech
Saxifraga grisebachii Deg. et Dörfl.

Ohne Zweifel zu den bezauberndsten Steingartengewächsen zählen die Steinbreche der Sektion *Kabschia.* Die wunderschönen Vertreter dieser so arten- und vor allem sortenreichen Gruppe, nach deren Besitz sich wohl jeder Gartenliebhaber sehnt, gedeihen besonders in feuchtem kalkhaltigem Boden. Der ideale Untergrund ist Travertin. Wir bereiten ihnen also eine Mischung aus Rasenerde, Lauberde, Kalkschotter, Ziegelbrocken und zerhacktem Torfmoos, letzteres, um den Wurzeln ständige Feuchtigkeit zu sichern. Da diese Steinbreche keine pralle Sonne vertragen, plazieren wir sie auf die Nordost- oder Ostseite des Steingartens. Die ausgesprochenen Frühblüher setzen häufig bereits im Herbst Knospen an. Stammarten können wir entweder im Februar aus Samen ziehen oder, was häufiger der Fall ist, im April oder Mai durch Abtrennen der Tochterrosetten vermehren. Die neuen Rosetten lassen wir unter Glas Wurzeln ansetzen.

3

Eine der schönsten Arten der Untergruppe *Engleria,* die zur umfangreichen Sektion *Kabschia* gehört, ist *S. grisebachii,* der Hängetrauben-Steinbrech (1), aus den Kalksteinfelsen der Balkanhalbinsel. Die im Durchmesser 3–6 cm messenden Rosetten setzen nach der Blüte mehr oder weniger zahlreiche Tochterrosetten an, so daß sich oft bis zu 15 cm breite Pölsterchen bilden. In reizvollem Kontrast zu den graugrünen Blättern erscheint der purpurrote Blütenstand. Nach dem Abblühen richtet sich der Sproß auf und verlängert sich.

Wenig Ansprüche stellt die zu den hübschesten Gelbblühern zählende Hybride *S.* × *boydii* (4). Zu dichten, festen Kissen vereinigen sich ihre kleinen graugrünen Blattrosetten, aus denen an kurzen Stielen zahlreiche große Einzelblüten hervorragen.

Prachtvolle feste Polster aus kleinen Rosetten bildet die bereits im März und April reichen Blütenschmuck tragende *S.* × *irvingii* 'Jenkinsae' (2). Ihre großen,

4

1

2

hellrosa gefärbten Blüten scheinen anfangs den Rosetten fast aufzusitzen, später verlängern sich die Blütenstiele ein wenig.

Bis heute konnte der Ursprung mehrerer älterer Sorten nicht geklärt werden. Das betrifft auch die weißblühende Hybride 'Banshee' (3), die ohne jegliche Komplikationen überall gedeiht und deshalb für weniger Erfahrene empfohlen werden kann.

1

Zweiblättriger Blaustern, Sternhyazinthe, Meerzwiebel *Scilla bifolia* L.

Liliengewächse *Liliaceae*

Die Blausterne mit ihren linearen bodenständigen Blättern und den meist blauen Glockenblüten in lockeren oder gefüllteren Traubenständen sind beliebte Zwiebelgewächse. Als Früchte tragen sie kugelige Kapseln. In rund 90 Arten sind sie in Europa, Kleinasien, Nord- und Südafrika sowie in Südamerika verbreitet, wobei die südafrikanischen und südamerikanischen Arten bei uns nicht im Freien gehalten werden können.

In der Mehrheit sind die Blausterne Frühblüher wie z. B. *S. sibirica.* Zum Sommerbeginn entfaltet der Wiesenblaustern (*S. pratensis* Waldst. et Kit.) seine in prallen Blütenständen vereinigten kleinen blauen Blümchen. Einziger Herbstblüher ist der Herbst-Blaustern (*S. autumnalis* L.) mit 3–6 rötlichblauen Blüten. Er verlangt einen Winterschutz.

Die Blausterne gedeihen am besten in guter Humuserde unter Bäumen oder auch in der Sonne. Die völlig frostbeständigen Zwiebeln setzen wir im September etwa 6 cm tief.

Die Vermehrung erfolgt durch Samen oder Tochterzwiebeln. Ein fleischiger Anhang der Samen, die sog. Samenwarze (caruncula) ist ein Leckerbissen für die Ameisen, die so zur Verbreitung der Pflanze auch auf größere Entfernungen beitragen.

Bereits im März und April erblüht der bescheidene Zweiblättrige Blaustern *(S. bifolia)* (1). Jede Zwiebel bringt einen mit blauen Blüten besetzten Sproß sowie meist zwei Blätter hervor. Im Juni zieht der im Kaukasus, in Kleinasien und Europa auf feuchten humosen Waldböden, unter Gebüsch oder auf Feuchtwiesen vorkommende Blaustern wieder ein. Es gibt auch hellrosa- und weißblühende Arten.

S. sibirica Andr., das Blausternchen (2), öffnet im März und April, manchmal auch noch im Mai, seine großen sattblauen Glockenblüten, denen kugelförmige Fruchtkapseln folgen (4). Die in Südosteuropa, Kleinasien und den zentralen sowie südlichen Teilen der Sowjetunion beheimatete Art besitzt noch eine weiße und eine rosafarbene Sorte, 'Alba' und 'Rosea'.

Der robuste, der Iberischen Halbinsel entstammende Spanische Blaustern (*S. hispanica* Mill.), besitzt große, weiße bis lilagetönte Zwiebeln, lanzettlich-lineare Blätter sowie einen 30 cm hohen Schaft, gekrönt von einer Traube aus zahlreichen violettblauen Blüten, die von Mai bis Juni erscheinen. Er bevorzugt feuchten Humusboden an halbschattigem Standort und wird durch seine Tochterzwiebeln vermehrt. Von den vielen Sorten seien hier genannt: 'White Triumphator', 'Mount Everest', beide weiß, 'Dainty Maid' und 'Rosabella' (3) mit rosa Blüten sowie die in verschiedenen Blautönen blühenden 'Excelsior', 'Myosotis' und 'Skyblue'.

3
2
1
4

Scharfer Mauerpfeffer
Sedum acre L.

Dickblattgewächse
Crassulaceae

Die verschiedenen *Sedum*-Arten vereinigen in sich mehrere Vorzüge, sie sind anspruchslos, blühen lange und ausgiebig, lassen sich sehr leicht vermehren. Wir kennen aufrecht wachsende, niederliegende und überhängende Arten vielfältiger Blattformen, mit weißen, gelben oder rosa bis roten Blüten. Unter den bis auf wenige Ausnahmen die nördliche Hemisphäre besiedelnden 500 Arten finden sich viele, die in große oder auch in kleine Steingärten ausgezeichnet passen. Der Mauerpfeffer ist ein Freund der Trockenheit, der reichlich Sonne und humose Sand- bis Steinerde braucht. Ältere Exemplare sollten nach dem Abblühen tief zurückgeschnitten oder gegen neue Setzlinge eingetauscht werden. Da selbst der kleinste Trieb schnell Wurzeln macht, gibt es mit der Vermehrung keinc Probleme. Einige Arten neigen sogar dazu zu verunkrauten, lassen sich jedoch ohne weiteres in Grenzen halten.

Auf trockenen steinigen Hängen, Brachen, Mauern und Eisenbahndämmen gedeiht in ganz Europa bis zum Altai der Scharfe Mauerpfeffer *(S. acre)* (1), eine der schönsten immergrünen *Sedum*-Arten. Im Juni und Juli ist sein hellgrüner, 5—10 cm hoher Teppich von gelben Blütensternen übersät.

Der 12—20 cm hochwerdende Weiße Mauerpfeffer, *S. album* (2), auf Europas trockenen Steppenhängen heimisch, versinkt von Juni bis September in weißer

5

4

Blumenflut. Für kleinere Steingärten empfiehlt sich die kleinwüchsigere Unterart *S. a.* ssp. *microphyllum* 'Chloroticum' mit gelbgrünem Laub und für ganz kleine Hobbygärtchen die höchstens 5 cm hohe 'Coral Carpet' mit sich im Herbst rotfärbenden Schmuckblättern.

Ähnlich ist die gelbblühende Tripmadam (*S. reflexum* L.) (3).

S. spurium M. B., die Kaukasische Fetthenne (4) hat schnellwachsende niederliegende Blattsprosse, die von Juni bis August von flachen Blütenständen gekrönt werden. Hier einige der Edelsorten: 'Album' mit weißen Blüten und hellgrünen Blättern, 'Purpurteppich', Blüten rot, Laub rotbraun, 'Roseum Superbum' mit reinrosafarbenen Blüten.

Aus Nordamerika stammt das Silbersedum (*S. spathulifolium* Hook), dessen aus fleischigen Blättern bestehende Bodenrosetten sich rasch zu kaum 5 cm hohen Teppichen verbinden. Von Mai bis Juli schmückt es sich mit goldgelbem Flor. Die saure Böden liebende Art wird in zwei Sorten angeboten: 'Purpureum' (5) mit purpurkarminrotem Laub und 'Capa Blanca' mit silbrigweißen Blättern.

Spinnweben-Hauswurz, Dickblattgewächse

Spinnweben-Hauswurz, Spinnweben-Steinwurz

Sempervivum arachnoideum L. *Crassulaceae*

Nach neuesten Studien unterscheiden wir 61 ursprüngliche Steinwurz-Arten, von denen 5 in die selbständige Gattung *Jovibarba* Opiz (Wirbelsteinwurz) überführt wurden. Die Steinwurz oder Hauswurz fällt vor allem durch ihre farben- und formenreichen Blattrosetten auf. So finden wir sattgrüne, graugrüne, braune, grüne, violette oder rote Rosetten mit Durchmessern von 5—10 mm bis zu 20 cm, Rosetten mit weit ausgebreiteten Blättern ebenso wie dichtgedrängte Rosettenbällchen. Die beste Wirkung erzielen wir mit der Hauswurz auf Trockenmauern oder anderen Plätzen zwischen Steinen, sehr dekorativ kann ein reiner Hauswurz-Steingarten sein. Aus der Rosettenmitte schießen kräftige, 5—50 cm hohe, beblätterte Stengel empor, die in mehr oder weniger reichen Blütenständen enden. Die Kronblätter der von Juni bis August sich zeigenden 6—14zähligen Blüten sind sternförmig ausgebreitet, bei der Gattung *Jovibarba* glockenartig geneigt. In der Reife bilden sich Balgfrüchte. Durch zahlreiche, in kleine wurzeltreibende Rosetten endende Ausläufer wächst die Hauswurz in die Breite, füllt Lücken zwischen den Steinen aus oder überspinnt sie sogar. Einzige Ansprüche dieser widerstandsfähigen Pflanzen sind pralle Sonne und durchlässiger sandiger Boden. Zwar sterben die Blattrosetten nach der Blüte ab, doch breiten sie sich ständig durch die inzwischen entstandenen vielen Nebenrosetten weiter aus.

4

Eine der schönsten Hauswurz-Arten, die Spinnweben-Hauswurz *(S. arachnoideum)* (1), ist mit ihrer nur 6—10 cm betragenden Höhe auch in kleineren Steingärten verwendbar. Ihre grünen bis bräunlichen Blätter enden in langen Silberfäden, die inmitten der kleinen Rosetten wahre Spinnengewebe entstehen lassen. Wild kommt sie in den Pyrenäen, Alpen und Karpaten vor.

In den gleichen Gebirgen ist auch *S. montanum* L., die Berg-Hauswurz (2), heimisch. Über den 2—3 cm breiten, aus dunkelgrünen zugespitzten Blättern gebildeten Rosetten erstrahlen im Juni, Juli und August hellrosarote Blüten mit dunklem Mittelstreifen.

Der Gattung *Jovibarba* gehört die gelbblühende Sprossende Hauswurz *(J. sobolifera)* (Sims) Opiz an. Ihre in großer Zahl auftretenden festgeschlossenen Tochterrosetten (4) brechen leicht ab, rollen ein Stück weiter und fassen dort Wurzeln. Florzeit ist Juli.

Wegen ihrer großen Kreuzungsfähigkeit bilden die *Sempervivum*-Arten unzählige, meist sehr hübsche Hybriden (3), und wir finden nur selten eine reine Stammart.

1
2
3
4

Eberreis-Kreuzkraut Korbblütengewächse
Senecio abrotanifolius L. *Asteraceae*

Von den 1300 über alle Erdteile verbreiteten Kreuzkraut-Arten eignen sich nur einige wenige für den Steingarten. Unter ihnen sind einjährige wie auch baumähnliche Pflanzen. Meist sind sie von kräftigerem Wuchs, oft unkrautähnlich und wenig zierend. Eine Ausnahme macht ohne Zweifel das aus den Alpen stammende Greiskraut (*S. halleri* Dandy). Diese schöne, von gewellten weißgrauen Haaren bedeckte, 5–9 cm hochwerdende Pflanze gefällt nicht nur wegen des großen goldgelben Blütenkörbchens, sondern auch durch die schmückenden, in Rosetten stehenden Blätter. Ihre Kultur zeigt jedoch bislang kaum Erfolge.

Sehr schön und doch bescheiden ist das Eberreis-Kreuzkraut *(S. abrotanifolius).* Es gedeiht in den Ost- und Südalpen, auf dem Balkan und in den Karpaten auf Geröllfeldern und steinigen Kahlflächen. In den Karpaten wächst *S. abrotanifolius* ssp. *carpaticus* (Herbich) Nym. und in den Alpen die Unterart *S. abrotanifolius* ssp. *abrotanifolius* mit orangeroten Blüten.

Vermehrt wird das Kreuzkraut aus Samen, die von März bis April gesät werden, oder durch Teilung im Frühjahr und Herbst.

Das 10–30 cm hochwerdende Eberreis-Kreuzkraut *(S. abrotanifolius)* (1), trägt an kantigen, unten verholzenden, aufsteigenden bis niederliegenden Stengeln in lineare Zipfel unterteilte, dicht aufeinanderfolgende Blätter. Am Stengelende erscheinen im Juni, Juli und oft auch noch im August 3–5 hellorange leuchtende Körbchen aus Zungen- und Röhrchenblüten. Es gedeiht am besten in steiniger Humuserde an sonniger Stelle, z. B. auf dem Geröllfeld unseres Steingartens. Die niederliegenden, bald Wurzeln schlagenden Zweige breiten sich zu dunkelgrünen, lockeren Teppichen aus. Für die Vermehrung genügt es daher, ein solches Zweiglein mitsamt Wurzeln abzuschneiden und anderswo einzupflanzen.

Das in den Alpen, im Apennin und den Karpaten heimische *S. incanus* L. (2) will im Garten nur sehr zögernd wachsen. Die 6–15 cm hohe Pflanze ist ganz mit grauem oder weißem Filz bedeckt und trägt gelappte, gezähnte bis fiedergeteilte Rosettenblätter sowie nicht allzu große sattgelbe bis gelborangefarbene Blütenkörbchen, die sich zu einer Doldentraube vereinigen. Der Flor währt von Juli bis August oder gar September. Die Pflanze ist schwierig, auch wenn wir die bestmöglichen Bedingungen, also steinigen sauren Humusboden und sonnenabgewandten Standort, etwa in einer Felsspalte, geschaffen haben. Einfacher in der Pflege ist die ähnliche, kalkliebende Unterart das Krainer Kreuzkraut (*S. incanus* ssp. *carniolicus* [Willd.]) Br. Bl.

2
1

Stengelloses Leimkraut, Rosensilene Nelkengewächse
Silene acaulis L. *Caryophyllaceae*

Fast 400 *Silene*-Arten, einjährige und ausdauernde Kräuter, vereinzelt auch Halbsträucher, mit vielen schönen Steingartengewächsen darunter, kennen wir. Da wären z. B. das rotblühende, 8—10 cm hochwerdende *S. schmuckeri* Wettst. aus Albanien oder das wundervoll rosablühende, allerdings heikle *S. hookeri* Vill aus Kalifornien zu nennen. Der typischste Steingartenbewohner ist jedoch das Stengellose Leimkraut *(S. acaulis)*. Das sehr kleine Leimkraut stammt aus der nordischen Tundra und den Hochgebirgen in Europa, wo es in der subalpinen und alpinen Höhenstufe auf Schuttfeldern gedeiht. Es liebt gut durchlässige, steinige, feuchte Humuserde und sonnige Plätze. Während im Gebirge ihre grünen Polster ganz von rosa Blüten besät sind, wächst sie in unseren Gärten zwar kräftig in die Breite, zeigt aber nur wenige Blüten. In der Reife erscheinen Kapselfrüchte (4).

Die Vermehrung des Leimkrautes erfolgt durch gut keimende Samen, Teilung oder Stecklinge.

4

Eine der niedrigsten Hochgebirgspflanzen ist das Stengellose Leimkraut, auch Rosensilene (*S. acaulis)* (1), dessen dichte Rasenteppiche nur 1—3 cm hoch werden. Die dicht an dicht mit Blättern bestandenen Stengelchen sind entweder blütenlos oder enden in einer rosa Einzelblüte, deren Schönheit wir von Juni bis August betrachten können. Es gibt mehrere schöne Sorten und Varietäten.

Kaum Ansprüche stellt das von den Küsten West- und Nordeuropas stammende *S. maritima* With. (2). Seine belaubten, niederliegenden Sprosse bilden sich ringförmig ausbreitende graugrüne Polster, die von Mai bis Juli blühen. Da ältere Exemplare vom Zentrum aus zu kahlen beginnen, müssen wir sie tief zurückschneiden, um im nächsten Jahr wieder die volle Wuchsform bewundern zu können. In der Regel beginnen die Polster bereits im Schnittjahr wieder zuzuwachsen. Es gibt auch die gefüllte duftende Form 'Plena' mit großen weißen Blüten.

Die blühfreudige Kaukasische Herbstsilene (*S. schafta* S. G. Gmel. ex Hohen) (3), bildet ungefähr 10 cm hochwerdende, lockere Teppiche. Sie besitzt belaubte niederliegende Triebe und rote, bis 2 cm messende Blüten, die in großer Zahl von Juli bis September in schöner Farbkombination mit den Sommerenzianen und dem gelben Veilchen Herz und Auge erfreuen. *S. schafta* ist sehr bescheiden und gedeiht in jeder Gartenerde bei Sonne oder im Halbschatten.

2

3

1

Binsenlilie
Sisyrinchium angustifolium Mill.

Schwertliliengewächse
Iridaceae

Für den Steingarten sind nur wenige Binsenlilien geeignet, auch wenn die gesamte Gattung rund 70, einigen Wissenschaftlern zufolge sogar 150 Arten umfaßt. Für die Binsenlilie ist ein extrem kurzer Wurzelstock charakteristisch, dem aufrechte schmale Blätter sowie Stengel mit endständigen Bündeln blauer, lilablauer oder gelber Blüten entwachsen. Runde Kapselfrüchte folgen den Blüten.

Sämtliche Arten entstammen der gemäßigten Zone Nord- und Südamerikas, so auch die beiden im Steingarten bevorzugt verwendeten, 10–20 cm hohen und einfach zu handhabenden *S. angustifolium* und *S. californicum* (Ker-Gawl.) Dryand. Mit 40–60 cm wesentlich höherwerdend ist *S. striatum* Sm. aus Chile und Argentinien. Im Juni und Juli zeigt sie große gelbe Blüten in lockeren Ähren. Sic benötigt im Winter eine Abdeckung.

Die Binsenlilien lassen sich aus Samen oder durch Büschelteilung vermehren, oft säen sie sich auch selbst aus. Wollen wir uns also die Arbeit mit den zahllosen Sämlingen ersparen, müssen wir die abgeblühten Triebe rechtzeitig abschneiden.

S. angustifolium (1) ist eine anspruchslose, 10–20 cm hochwerdende Binsenlilie mit hellgrünen grasähnlichen Blättern. Ihre mit den Blättern gleichhohen Stengel tragen jeweils zahlreiche blauviolette Blüten mit orangegelber Mitte. Jeden Tag entfaltet sich eine neue Blüte zu einem fast geöffneten Sternchen, um abends zu verwelken und so der nächsten Platz zu machen. In voller Blüte, also im Mai und Juni, strahlt diese Binsenlilie einen großen Reiz aus. Es wurde auch eine weiße Form gezüchtet – 'Album' (2). Sie gedeiht in jeder Gartenerde bestens, ob in der Sonne oder im Halbschatten, und bildet bald dichte Büschel.

Etwas robuster ist *S. californicum* (3). Die grasähnlichen Blätter sind breiter, an die 15 cm hoch und die gelben Blüten werden etwas größer. Blütezeit ist Mai und Juni. *S. californicum* gedeiht an sonnigen Plätzen in humoser sandiger Erde, ist aber heikler und verlangt Winterschutz.

1
3
2

Troddelblume, Alpenglöckchen
Soldanella montana Willd.

Primelgewächse
Primulaceae

Alle *Soldanella*-Arten, von denen es — nach der Meinung verschiedener Botaniker — lediglich 6—10 gibt, sind von bezaubernder Schönheit, niedrigem Wuchs und ähneln einander sehr. Ihre Heimat sind die Berge Mitteleuropas, die sie bis zur alpinen Höhenstufe besiedeln. *S. montana,* die Troddelblume bevorzugt tiefere Lagen, Vorgebirgs- und Bergwälder, weshalb es von allen Troddelblumen am leichtesten zu ziehen ist. Manche Arten gedeihen auf saurem Gestein, andere auf Kalkuntergrund, und danach setzen wir sie im Steingarten ein. Alle verlangen sie jedoch Halbschatten bis Schatten und feuchte humose Erde, der wir noch Torf (ausgenommen der Kalkfreunde), Nadelwalderde und etwas Schotter zusetzen.

Die Troddelblume läßt sich leicht aus Samen ziehen, die wir von Februar bis April säen können. Man kann auch im Juli oder August die Büschel teilen.

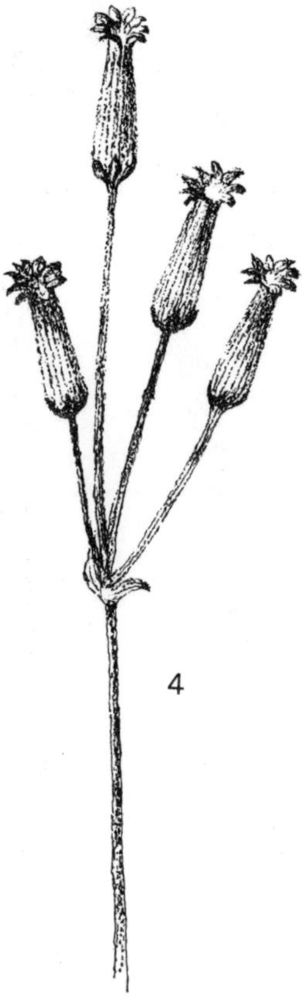

4

Zeitig im Frühjahr blüht die Troddelblume *(S. montana)* (1). Aus ihrem kriechenden Wurzelstock wachsen langgestielte, runde bis rundlich-nierenförmige, unbehaarte Blätter mit flach gekerbtem Rand. Ihre Oberseite ist dunkelgrün glänzend, die Unterseite rötlich braun bis lila angehaucht. Am Ende des 10—20 cm hohen Schaftes bilden 3—6 Blüten eine lila Dolde. Die ungemein zarten und reizvoll nickenden Blüten haben glockenförmige, zur Hälfte fein zerfranste Kronen, öffnen sich nicht selten bereits im März, um bis zum Mai ihre Schönheit darzubieten. Anschließend richten sich die Blütenstiele auf und bilden reichsamige Kapseln aus (4).

Eines der winzigsten ist das aus den Alpen, Karpaten und den Gebirgen der Balkanhalbinsel stammende Kleine Alpenglöckchen (*S. pusilla* Baumg.) (2). Es wird nur 5—8 cm hoch und trägt winzige herzförmig-nierenförmige dunkelgrüne Blätter. Die zarten, von April bis Mai sich zeigenden, violettrosafarbenen Blüten sind röhrenförmig und am Rand fein gefranst. Wir bereiten diesem Alpenglöckchen sauren Pflanzboden vor, dem wir noch zerhacktes Sphagnum zugeben.

Ähnlich ist das Zwerg-Alpenglöckchen (*S. minima* Hoppe) (3), aus den höchstgelegenen Regionen der Alpen. Mit 3–5 cm Höhe ist es noch kleiner. Seine Blüten sind weißlich- bis blaßviolett. Es verlangt viel Feuchtigkeit und im Gegensatz zu den anderen Alpenglöckchen kalkhaltigen Boden. Beide Arten sind jedoch recht schwierig.

1

3

2

Eibe Eibengewächse
Taxus baccata L. *Taxaceae*

Sieben Eibenarten besiedeln das große Festlandgebiet der nördlichen Halbkugel. *T. baccata,* die Beereneibe, wächst in der Ebene wie in höheren Lagen in Europa, Nordamerika und Westasien. Einst in großer Zahl auch in den mitteleuropäischen Wäldern vertreten, muß sie heute streng geschützt werden. Sie wächst als Strauch oder verschieden hoher Baum.

Die Eibe ist ein bescheidenes zweihäusiges Nadelgehölz, das in jeder Gartenerde an sonnigen wie auch schattigen Plätzen gut gedeiht und vielseitig verwendet werden kann. Je nach Art oder Sorte können wir Eiben als Solitär, für große und auch kleine Steingärten setzen. Ausgezeichnet bewähren sie sich als Heckenpflanzen. Das Beschneiden ertragen sie gut, wachsen schnell wieder zu und lassen sich daher mannigfaltig „formen". Im Steingarten sollte man aber solche Modellierungen unterlassen. Sehr wirkungsvoll kann jedoch eine Hintergrundbepflanzung aus dunkelgrünen Eiben sein. Züchterfleiß ließ eine Reihe Kultursorten unterschiedlichen Habitus mit dunkelgrünem oder goldgelbem Nadelkleid entstehen. Aus den hier angeführten kleinwüchsigen Gehölzen läßt sich auch für kleine Steingärten etwas finden: *T. baccata* 'Amersfoort', *T. baccata* 'Cavendischii', *T. baccata* 'Elegantissima', *T. baccata* 'Aureomarginata', *T. baccata* 'Repanda' u. a.

Zur Vermehrung schneiden wir am besten von August bis November Stecklinge.

4

Die dunkelgrünen Nadelzweige der Eibe (1) werden im Herbst von leuchtendroten, die Samen umgebenden Samenmänteln (arillus) (2) belebt. Alle Teile des Baumes mit Ausnahme dieser Beeren sind giftig.

Eine bemerkenswerte Kulturform, die auch in kleinere Steingärten paßt, ist *T. baccata* 'Adpressa Aurea' (3). Sie ist von niedrigem, langsamem Wuchs, verlangt aber mehr Sonnenlicht. Sie besitzt kürzere Nadeln als die Stammform und bildet kurze goldgelbe Maitriebe aus, die sich später gelbbunt bis grün färben.

Zu den herrlichsten Goldeiben zählt *T. baccata* 'Fastigiata Aurea' (4). Zwar nimmt die langsam zu schlanken Säulen emporwachsende Sorte nicht allzu viel Platz in Anspruch, doch müssen wir bei der Platzwahl bedenken, daß der Baum mit der Zeit bis 6 m erreicht. Auch muß die auffällige Goldfarbe mit der Umgebung in Einklang gebracht werden. Wie die meisten goldgetönten Formen verlangt sie einen geschützten Standort.

Abendländischer Lebensbaum Zypressengewächse
Thuja occidentalis L. *Cupressaceae*

Der aus Nordamerika stammende Abendländische Lebensbaum ist ein sehr beliebtes Nadelgehölz. Seine schuppenartigen, stark zusammengedrückten Blätter nehmen im Winter eine bronzene Farbe an. Die etwa 1,5 cm langen Zapfen (4) erscheinen erst beim 30—40 Jahre alten Baum. Zwar eignet sich dieser hochwachsende, säulen- bis kegelförmige Baum in keinem Fall für den Steingarten, dafür verschafft er sich aber als Hecke um so eindrucksvollere Geltung, besonders die Sorte 'Malonyana', die das Schneiden ausgezeichnet verträgt.

Sie ist die härteste aller Lebensbaumarten und auch völlig anspruchslos, gedeiht bei Sonne oder im Halbschatten und ist in Bezug auf den Boden kaum wählerisch. Am besten wächst sie aber in lehmiger, feuchtkühler Erde. An zu trockenen Standorten dörrt sie aus, in tiefem Schatten bilden sich nur wenige Zweige.

Die im Steingarten verwendeten Sorten vermehren wir aus Stecklingen, die im August oder September gewonnen werden. Einige Formen wurzeln allerdings schlecht und müssen im zeitigen Frühling aufgepfropft werden, am besten auf *T. occidentalis.*

Für den Steingarten steht uns eine reiche Auswahl niedriger und langsam wachsender Spielarten des Lebensbaumes (1) zur Verfügung. Da wären zum Beispiel die zu den Kleinsten zählenden 'Tiny Tim' und 'Caespitosa'. Eine sehr schöne, nur wenig mehr als einen halben Meter hohe Sorte ist die länglichkugelige 'Danica'. Bis 2 m hoch werden 'Recurva Nana' und die herrliche dunkelgrüne 'Holmstrup'. Mehr in die Breite als in die Höhe, aber langsam wächst die erstaunlich dichte Kultursorte 'Umbraculifera' (5). In geräumigeren Steingärten bewähren sich die dunkelgrüne kugelige 'Woodwardii' oder die auffällig goldgelb gefärbte 'Reingold', deren Blätter sich im Winter ins Bronzene verfärben. Die letztgenannte Form erreicht jedoch bis zu 7 m Höhe. Von den niedrigen Sorten seien noch folgende genannt: 'Globosa', 'Little Gem', 'Spiralis' und die heiklere *T. orientalis* 'Aurea Nana', eine Abart des Morgenländischen Lebensbaumes.

Eine interessante langsamwachsende Strauchform ist 'Späthii ('Ohlendorfii'). Am Ende der langen dünnen Zweige trägt sie Schuppenblätter (2), die unteren Strauchpartien sind von nadelartigen Blättern bewachsen (3), die dunkelgrün mit einem Stich ins Bronzene bis Rotbraune gefärbt sind.

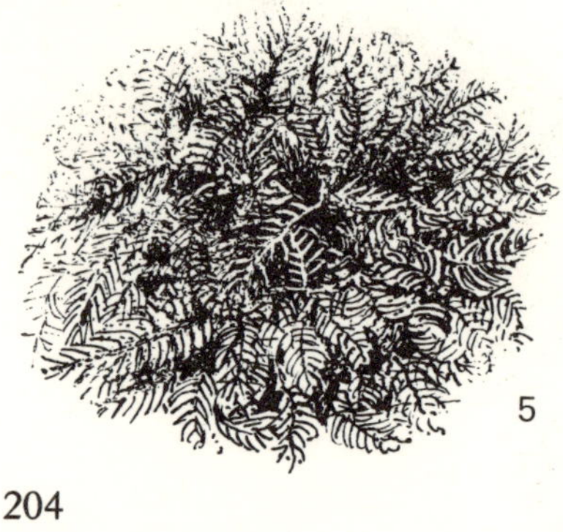
5

1
2
3
4

Quendel, Feldthymian — Lippenblütengewächse

Thymus serpyllum L. — *Lamiaceae*

Der Quendel braucht wohl kaum näher beschrieben zu werden. Im Sommer hängt sein typischer starker Duft über Feldrainen, versteppten Hängen und anderen trockenen Standorten. Im Garten findet der Quendel vielseitige Verwendung. Den reichsten Flor bringt er in durchlässiger, magerer und sandiger Erde in praller Sonne. Wir können ihn daher mit Erfolg auf der Trockenmauer, in der Steppenpartie des Steingartens oder im Heidegärtchen anpflanzen. Seine kriechenden Triebe verholzen an der Unterseite ein wenig und machen Wurzeln, so daß der Thymian mit der Zeit größere Flächen bedeckt. Wir sollten ihn jedoch nicht allzusehr beschränken, bietet doch ein in voller Blüte stehender Teppich einen wunderschönen Anblick.

Die Vermehrung erfolgt einfacherweise durch Teilung.

Der Quendel *(T. serpyllum)* (1) gedeiht an trockenen Plätzen in ganz Europa bis weit in den Norden, eine 3–5 cm hohe Teppichpflanze, die lange und ausgiebig von Mai bis September blüht. *T. serpyllum* ist eigentlich ein Sammelbegriff für eine ganze Reihe kleinerer Arten. Es wurden mehrere farbig blühende Sorten gezüchtet: 'Alba' weiß (2), 'Splendens', karminrot, 'Coccineus', rot usw. Durch Kombination dieser Farben erzielt man im Steingarten die schönsten Effekte. Durch Kreuzung des Quendels (*T. pulegioides* L.) und des Gartenthymians (*T. vulgaris* L.) entstanden die bezaubernde Hybride *T.* × *citriodorus* (Pers.) Schreb., ein 10–15 cm hoher Zwergstrauch mit angenehmem Zitronenduft. Er trägt eiförmige bis runde Blätter und von Mai bis Juli hellrosafarbene Blüten. Da er ein wenig heikel ist, decken wir ihn im Winter lieber ab, ältere Exemplare müssen von Zeit zu Zeit zurückgeschnitten werden, um ihren dichten und ansehnlichen Habitus zu bewahren. Er wird in mehreren Sorten gezüchtet: 'Silver Queen' ('Argenteus') mit weißrandigen Blättern und 'Golden Dwarf' ('Aureus') (3) mit gelbbuntem Laub.

4

Weniger oft gepflanzt wird ein merkwürdiger, leider nicht immer ausreichend harter Thymian vom Balkan – *T. doerfleri* Ronn. (4). Er ist zwergig, grau behaart und trägt schmale, feinbehaarte Blätter, die alle in dieselbe Richtung streben, so daß die Pflanze wie vom Wind gekämmt aussieht. Hellrosa Blüten zieren ihn von Mai bis Juni.

2

3

1

Zwergtrollblume, Zwergtroll Hahnenfußwächse
Trollius pumilus D. Don *Ranunculaceae*

Die Gattung umfaßt etwa 30 Arten ausdauernder Kräuter, die vorwiegend auf der nördlichen Halbkugel in den gemäßigten und kühlen Regionen verbreitet sind. Es gibt niedrige, halbhohe bis hohe Trollblumen, die alle tief handförmig geteilte Blätter und am Ende der kaum verzweigten, aufrecht wachsenden Sprosse je eine große Blüte mit zahlreichen Staubgefäßen tragen. Der Blütenkelch ahmt eine buntgefärbte, meist gelbe Krone nach, während die Krone in Honigblätter umgebildet ist (4).

In den Gärten sieht man am häufigsten die Arten *T. pumilus* und *T. europaeus.* Die in der Natur auf meist höhergelegenen Feuchtwiesen vorkommende Trollblume gedeiht im Steingarten in humosem feuchtem Boden an sonnigem bis halbschattigem Ort, z. B. in der Nähe des Teiches, wo sie sich zu wundervollen, üppig blühenden Büscheln entwickelt. Trockene und sonnendurchglühte Standorte sind zu meiden.

Es wurden viele Sorten mit auffälligen, großen und verschiedenfarbigen Blüten gezüchtet, die als *Trollus*-Hybriden bezeichnet werden. Einige seien hier genannt: Die dunkelorange blühende 'Aetna', die cremeweiße 'Alabaster', 'Golden Sun' mit orangefarbenen Blüten und dunkelbrauner Blumenmitte, die große orangegelbe Blüten hervorbringende 'Goldquelle' und schließlich 'Lichtball', auffällig orangegelb. Eine der größten Trollblumen ist die fast 1 m hochwerdende, orange blühende 'Prichards Giant'.

Trollblumen kann man ihm Frühjahr teilen oder aus Samen ziehen, die bereits im Herbst ausgesät werden.

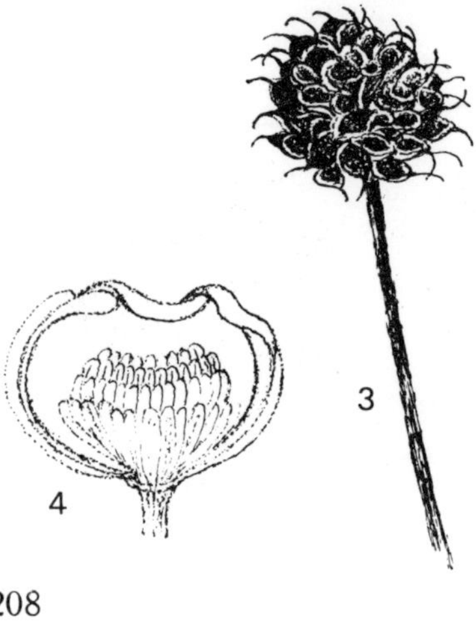

Die auch für kleinere Steingärten geeignete Zwergtrollblume *(T. pumilus)* (1) wächst in nur 15—30 cm hohen Büscheln. Die dunkelgrünen Blätter sind langgestielt, handförmig fünfteilig und scharf gezähnt. Der Blattrosettenmitte entspringen zahlreiche, in der Regel unverzweigte Sprosse mit je einer großen, goldgelb glänzenden Blüte am Ende. Diese ist flach geöffnet, ähnlich einer großen Hahnenfußblüte. Nach dem von Mai bis Juli andauernden Flor entstehen Balgfrüchte mit winzigen, zu kugelrunden Köpfchen (3) vereinigten Samen.

Von den mitteleuropäischen Feuchtwiesen her kennen wir die bis 50 cm hochwerdende Europäische Trollblume (*T. europaeus* L.) (2). Sie trägt 3–5zählige Blätter, die unteren an langen Stielen. Eine größere Zahl kugelig sich zusammenschließender goldgelber Kelchblätter bilden die bis 3 cm große Blüte, an der wir uns von Mai bis Juli erfreuen können.

Kanadische Schierlingstanne Kieferngewächse
Tsuga canadensis L. Carr. *Pinaceae*

Die Schierlingstanne ist ein in etwa 15 Arten über Nordamerika und Ostasien verbreiteter Nadelbaum.

Die anmutige Kanadische Schierlingstanne (*T. canadensis*), die auf felsigen Nordhängen in Nordamerika vorkommt, bewährt sich gut als Solitär in größeren Gärten, im Steingarten ist sie nicht geeignet. Aber es gibt von ihr eine Reihe herrlicher schwachwüchsiger Sorten, die auch in kleinen Steingärten Platz finden. Da wäre z. B. 'Minuta' mit kleinen Nadeln, sie wächst nur 1 cm im Jahr. Noch winzigere Nadeln besitzen die ebenfalls langsamwachsenden 'Microphylla' und 'Sparsifolia'. Überhängende Zweige trägt die kegelförmige 'Pumila', dichtstehende Zweige mit kleinen Nadeln hat die gleichfalls kegelige 'Compacta'. Als Einzelpflanze oder für große Steingärten eignet sich ausgezeichnet 'Pendula', ein dekorativer breitwüchsiger Strauch mit abstehenden bis überhängenden Zweigen.

Zur Gattung *Tsuga* gehören anspruchslose und abgehärtete Nadelhölzer, die sich in humoser, etwas feuchter Erde und freiem, sonnenbestrahltem Gelände wohlfühlen, aber auch gut Schatten vertragen können. Zu trockener Standort bekommt ihnen jedoch nicht. Die Schierlingstanne kann ohne Bedenken beschnitten werden und also auch als Hecke gepflanzt werden.

Aus Samen (3) können wir die Stammart ziehen. Die Kultursorten vermehren wir durch im Herbst gewonnene Stecklinge oder wir pfropfen sie auf *T. canadensis.*

Die Kanadische Schierlingstanne (*T. canadensis*) hat sattgrüne, unterseits graugrüne, lediglich 7 — 18 mm lange Nadeln, deren Verjüngungen bleich- bis hellgrün sind. Oft hängen die unteren Zweige leicht über. Die höchstens 2,5 cm langwerdenden Zapfen sind eiförmig, hängend, ausdauernd und bilden sich erst bei etwa 30 Jahre alten Bäumen (1).

In letzter Zeit erweiterte sich das Sortiment niedriger, 1 m nicht überschreitender Kultursorten, von denen wohl die bekannteste die Sorte 'Jeddeloh' (2) ist. Sie besitzt eine recht ungewöhnliche Form: Die dem Stammende entspringenden Zweige neigen sich nach allen Seiten und reichen bis zum Boden hinab.

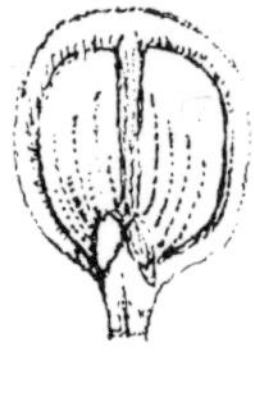

3

1

2

Mehrblütige Tulpe, Zwergsterntulpe Liliengewächse
Tulipa tarda Stapf *Liliaceae*

Die aus Steppengebieten mit extremem Klima stammenden Tulpen werden in mehrere Untergattungen und Sektionen unterteilt. Die Heimat der meisten Arten ist der Nahe Osten. Zwar sind sie völlig frostsicher, doch reagieren einige Arten empfindlich gegen Winternässe und Kälte. Die Tulpenzwiebel (3) ist einjährig, was bedeutet, daß jedes Jahr ihre Nährstoffe aufgebraucht werden und die Pflanze für das nächste Jahr eine neue Zwiebel bilden muß. Deutlich unterschieden sind Zwiebelspitze und -stock, aus dem die konzentrisch angeordneten, durch eine braune Haut geschützten Zwiebelschalen wachsen. Der Zwiebel entsprießt ein mit Blättern unterschiedlicher Form und Farbe besetzter Stengel. So gibt es Arten mit breiten und mit schmalen Blättern, die hellgrün, graugrün oder braungestreift sein können. Einige Arten breiten die Blätter rosettig auf dem Boden aus, wobei der Blattrand glatt oder gewellt, manchmal auch mit rotem Saum geschmückt sein kann. Die gleiche Vielfalt finden wir in Farbe und Form der Blüten. Bis heute wurden mehrere Tausend Tulpensorten gezüchtet. Für den Steingarten sollte man jedoch die Wildtulpen vorziehen.

Häufig leiden die Tulpenzwiebeln an Pilz- und Virenkrankheiten. Sobald wir an einer Tulpe gekräuselte Blätter bemerken, nehmen wir die Zwiebel aus der Erde, verbrennen sie und behandeln die betreffende Stelle mit einem Fungizid. Ebenso müssen Schnecken, die diese Krankheiten übertragen, vernichtet werden.

Die beliebte, nur 8 – 15 cm hochwerdende Mehrblütige Tulpe *T. tarda* (1) ist in Turkestan heimisch. An den kurzen verzweigten Stengeln sitzen graugrüne Blätter und bis zu 8 sich sternförmig öffnende Blüten mit weißen Spitzen und gelber Mitte. Dem im April und Mai sich zeigenden Flor folgt eine dreifächerige Kapselfrucht. *T. tarda* gedeiht in jeder Gartenerde an sonnigen und halbschattigen Plätzen, wo sie rasch die schönsten Bestände bildet und eine Reihe von Jahren ohne Ortswechsel verbleiben kann. Sehr ähnlich ist die aus dem Iran kommende, leuchtendgelb blühende *T. urumiensis* Stapf.

Von anmutigen Reiz ist die in Syrien und Iran beheimatete Zwergtulpe *T. aucherana* Bak. (2) Ihre braune Zwiebelschale hat an der Innenseite feine Härchen. Die 8 – 10 cm hohe Pflanze trägt lineare Blätter und an einem Stiel 1 – 3 Blüten, deren Knospen anfangs nickend sind, sich im Mai aufrichten und zu rosa Sternchen entfalten.

3

2
1

Zwergbaldrian *Valeriana supina* Ard.

Baldriangewächse *Valerianaceae*

Baldrianarten finden wir in Europa, Asien sowie in Nord- und Südamerika. Einige sind ganz niedrig wie *V. supina* oder *V.* × *suendermannii* Melchior, andere mittelhoch (*V. montana* L.) bis hoch (*V. officinalis* L. und *V. pyrenaica* L. werden mehr als 1 m hoch). Ihr charakteristischer Duft ist ein Lockmittel für Katzen. Im Garten pflanzen wir den Baldrian in feuchten Humusboden in Wassernähe oder unter die Bäume. Einige Arten breiten sich durch zahlreiche Ausläufer stark aus.

Die einfachste Vermehrungsmethode ist die Teilung. Bei den unterirdische Ausläufer bildenden Arten haben wir oft Schwierigkeiten, da sie sich zu stark ausbreiten. Doch wenn sie in vollem Flor stehen, sind sie herrlich anzusehen.

Aus den östlichen Kalkalpen stammt der Zwergbaldrian *V. supina* (1) mit runden, eiförmigen, kahlen, ganzrandigen Blättern in bodenständigen Rosetten und aufrecht wachsenden, mit einigen gegenständigen Blättern bewachsenen Stengeln. Zarte rosa Blütchen ergeben von Juni bis August recht reiche Blütenstände, aus denen sich Früchte mit Pappus (5) entwickeln. Das bescheidene Pflänzchen ist zwar ein Kalkfreund, gedeiht aber in jeder Gartenerde. Mit seinen Ausläufern bildet es 2—7 cm hohe, umfangreiche Teppiche. Der Zwergbaldrian verträgt Sonne wie Halbschatten, bleibt aber an sonnigen Plätzen niedriger und kompakter.

Etwas höher wird der Dreiblättrige oder Steinbaldrian (*V. tripteris* L.) (2). Aus seinem verzweigten Wurzelstock wachsen kahle, 10—40 cm hohe Sprosse mit mehreren Paaren gegenständiger Blätter, die dreiteilig und gezähnt sind. Die bodenständigen Blätter sind allerdings lang gestielt, kahl, herzförmig-eiförmig und grob gezähnt. Kleine, blaßrosagefärbte Blüten bilden von Mai bis Juli gefüllte Häufchen. Dieser ausläuferlose Baldrian gedeiht auf humosen Waldböden und in Felsschluchten in Mittel- und Südeuropa.

1

Der Bergbaldrian *(V. montana)* (3), ist eine stattliche, bis 50 cm hochwerdende Pflanze mit zahlreichen kleinen Blüten (4). Er wächst in lichten Wäldern und an buschbestandenen Hängen bis in die subalpine Höhenstufe hinauf.

5

2

3

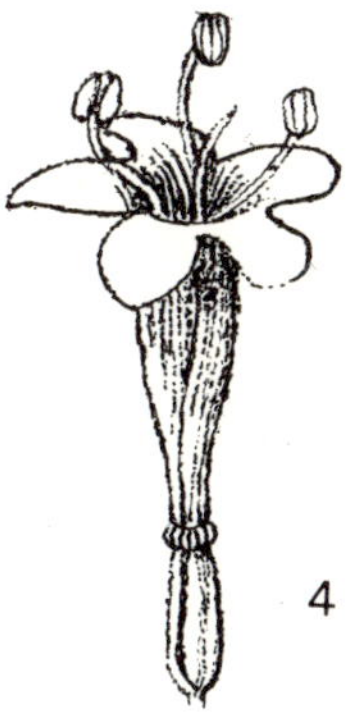

4

Ehrenpreis, Veronika
Veronica filiformis Sm.

Braunwurzgewächse
Scrophulariaceae

Die rund 150 *Veronica*-Arten kommen von den Tiefebenen bis in die Gebirgsgegenden auf verschiedenen Erdteilen vor. Es sind unter ihnen ganz niedrige, teppichbildende, mittelhohe bis 2 m erreichende Arten, einjährige und ausdauernde Kräuter sowie Halbsträucher. Meist sind es bescheidene und reichblühende Pflanzen. Die regelmäßigen, immer mit zwei Staubfäden versehenen Ehrenpreis-Blüten (5) stehen entweder einzeln in den Blattachseln oder an den Stengelenden in dichten Trauben und sind meist von blauer Farbe. In der Reife entstehen aus ihnen Kapselfrüchte mit unterschiedlich tiefem Einschnitt (6).

Wir setzen den Ehrenpreis an sonnige Stellen mit normalem Gartenboden, und zwar nicht nur in den Steingarten, sondern ebenso auf die Trockenmauer, in naturnahe Gartenpartien, Blumenrabatten. Er wird überwiegend durch Teilung vor der Blüte oder im Herbst vermehrt, läßt sich jedoch auch leicht aus Stecklingen ziehen, die von Mai bis August geschnitten werden können. Die keimkräftigen Samen säen wir entweder im Mai oder im August aus.

Der nur 3–5 cm hohe Ehrenpreis *V. filiformis* (1) besitzt lange und dünne, liegende Stengel mit hellgrünen runden Blättern. April, Mai und Juni erscheinen blaue Blüten mit dunkleren Adern, die an langen Stielen einzeln aus den Blattachseln wachsen. Besonders an feuchteren Plätzen breitet sich dieser Ehrenpreis mit seinen wurzelbildenden niederliegenden Trieben zu großen hellgrünen Teppichen aus.

V. surculosa Boiss. et Bal. (2) wird 4–5 cm hoch, ist ganz mit grauen Haaren bedeckt und blüht rosafarben von Mai bis Juli. Ihre kriechenden, dicht beblätterten Sprosse breiten sich zu herrlichen graugrünen Teppichen aus, deren Schönheit sich an trockenen und sonnigen Standorten erst voll entfaltet.

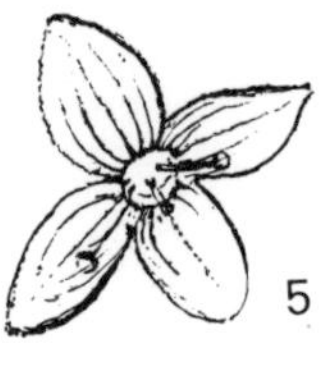
5

6

Die niedrige, anspruchslose Maiteppich-Veronika, auch Liegender Ehrenpreis genannt (*V. prostata* L., syn. *V. rupestris* hort.) (3), trägt an den niederliegenden Stengeln im Mai und Juni üppige und pralle Trauben aus hellblauen Blüten. Es werden die Sorten 'Alba', weiß, 'Rosa', rosarot und die himmelblau blühende 'Pallida' angeboten.

Mit 20–50 cm gehört die gänzlich in zierenden grauen Filz gehüllte *V. spicata* L. ssp. *incana* (syn. *V. incana* L.) (4) zu den höheren Ehrenpreisarten. Ihre festen aufrechten Sprosse und die lanzettlichen, fein gesägten Blätter lassen auch die nichtblühenden Bestände zu einem schönen Anblick werden. An den Sproßenden prangen im Juni und Juli bis zu 30 cm lange, dicht mit dunkelblauen Blüten besetzte Ähren.

1
2
3
4

Zweiblütiges Veilchen, Gelbes Bergveilchen

Veilchengewächse

Viola biflora L.

Violaceae

Die Gattung der Veilchen mit bis zu 400 in der Literatur angegebenen Arten meist niedrigeren Wuchses ist fast über den gesamten Erdball verbreitet. Es sind bescheidene, blühwillige und oft angenehm duftende Pflanzen, die in vielen Farben leuchtende, ausgeprägt gleichmäßige, gespornte Blüten hervorbringen. Wir vermehren sie aus den in Kapselfrüchten reifenden Samen (5) durch Teilung oder Stecklinge. Ameisen verbreiten des weiteren die Samen mit den von ihnen so begehrten, Samenwarzen genannten Anhängseln.

Da die Veilchen sich leicht untereinander kreuzen lassen, wurden sie zum beliebten Veredlungsobjekt zahlreicher Züchter. Die bekanntesten Hybriden entstanden mit dem Hornveilchen (*V. cornuta* L.) und werden unter diesem Namen in vielen farbenfrohen und großblumigen Sorten angeboten. Im Steingarten verwenden wir jedoch lieber die Stammarten wie *V. biflora, V. lutea.*

Eine bemerkenswerte Erscheinung ist das in den Hochgebirgen Europas, Asiens und Nordamerikas heimische Zweiblütige Veilchen *(V. biflora)* (1). Aus dem kriechenden Wurzelstock wachsen an langen Stielen nierenförmig-herzförmige gekerbte Blätter. An aufgerichteten Stielchen entfalten sich von Mai bis Juli 1—3 sattgelbe nickende Blüten mit feinen roten Strichen am unteren Blütenblatt sowie einem kleinen Sporn. *V. biflora* gedeiht in Felsspalten, Bergwäldern und auf feuchten Wiesen, häufiger auf saurem Gestein als auf Kalkunterlage.
Wir züchten es daher in feuchtem Humusboden an halbschattigen Plätzen.

Das Gelbe Veilchen (*V. lutea* Huds.) (2) wird 10—20 cm hoch, hat aufrechte oder aufstrebende Stengel und gelbe oder lilagetönte, 2—4 cm lange Blüten. Das untere Kronblatt weist eine dunkle Zeichnung auf. Die angenehm duftende,

3

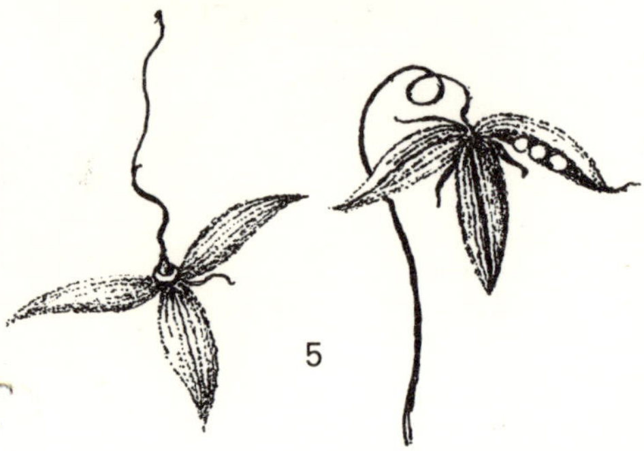

5

aus den Bergen Mitteleuropas und des Balkans stammende Art zeigt ihren reichen Flor von Juni bis Juli.

Zu den bekanntesten Frühjahrsblumen gehört das Duft- oder Märzveilchen (*V. odorata* L.) (3). Seine Kronblätter sind lilafarben, an der Basis weiß, und enden in einem langen Sporn. Es blüht im März und April und remontiert gewöhnlich von August bis September. Oft sät es sich selbst aus. Es gibt eine gefüllte Form sowie zahlreiche, sich hauptsächlich in der Blütenfarbe unterscheidende Sorten.

Das ähnliche Sumpfveilchen *(V. palustris)* L. (4) trägt helle bis rosaviolette Blüten ohne Duft. Es kommt auf feuchten Torfböden in Europa, Asien und Nordamerika vor.

2

1

4

Register der deutschen Namen

Register der lateinischen Namen